Simone Pires de Matos

Cosmetologia Aplicada

1ª Edição

Avenida Paulista, n. 901, Edifício CYK, 3º- andar
Bela Vista – SP – CEP 01310-100

SAC Dúvidas referentes a conteúdo editorial, material de apoio e reclamações:
sac.sets@somoseducacao.com.br

Direção executiva	Flávia Alves Bravin
Direção editorial	Renata Pascual Müller
Gerência editorial	Rita de Cássia S. Puoço
Aquisições	Rosana Ap. Alves dos Santos
Produção editorial	Daniela Nogueira Secondo
Revisão	Solange Monaco
Diagramação	Set-up Time Artes Gráficas
Ilustrações	Arquivos
Capa	Maurício S. de França
Adaptação da 9ª tiragem	Daniela Nogueira Secondo
Impressão e acabamento	Log&Print Gráfica e Logística S.A.

DADOS INTERNACIONAIS DE CATALOGAÇÃO NA PUBLICAÇÃO (CIP)
(CÂMARA BRASILEIRA DO LIVRO, SP, BRASIL)

Matos, Simone Pires de
    Cosmetologia aplicada / Simone Pires de Matos. --
São Paulo: Érica, 2014.
    148 p.

    Bibliografia
    ISBN 978-85-365-0622-7

    1. Beleza - Estudo e ensino 2. Cosméticos 3. Cosmetologia 4. Pele - Cuidados e higiene 5. Pele - Envelhecimento.
I. Título.

14-00460   CDD- 646.72

Índice para catálogo sistemático:
1. Cosmetologia : Tecnologia   646.72

Copyright © Simone Pires de Matos
2020 Saraiva Educação
Todos os direitos reservados.

1ª edição
9ª tiragem, 2020

Nenhuma parte desta publicação poderá ser reproduzida por qualquer meio ou forma sem a prévia autorização da Saraiva Educação. A violação dos direitos autorais é crime estabelecido na Lei n. 9.610/98 e punido pelo art. 184 do Código Penal.

| CO | 10446 | CL | 640502 | CAE | 585697 |

Agradecimentos

Em primeiro lugar, agradeço a Deus, por permitir que eu participasse de um projeto tão gratificante que representa o reconhecimento por anos de estudo e trabalho. Mesmo diante de tão pouco tempo, Ele me deu a serenidade e saúde necessárias para concretizar este desafio.

Agradeço ao meu companheiro de todos os dias, pela parceria, paciência e compreensão da minha ausência durante a elaboração deste trabalho.

Em especial, ao meu pai e a minha mãe por contribuírem com a minha formação profissional e pessoal.

Às minhas irmãs, sobrinhas e sobrinho, mesmo eu estando longe no dia a dia, sei que me mantive ainda mais distante por motivos de trabalho. Foram dias sem conversarmos.

A todos que acreditaram em meu trabalho, compartilhando esta proposta de excelência.

Aos meus eternos professores, por todo o incentivo e conhecimento partilhado.

Aos amigos, por compreenderem meus momentos de afastamento.

Aos alunos que, mesmo sem saberem, mostraram o que era mais essencial para a formação em uma área tão ampla de conhecimento, permitindo assim a elaboração de um material que pudesse atender às suas necessidades.

Este livro possui material digital exclusivo

Para enriquecer a experiência de ensino e aprendizagem por meio de seus livros, a Saraiva Educação oferece materiais de apoio que proporcionam aos leitores a oportunidade de ampliar seus conhecimentos.

Nesta obra, o leitor que é aluno terá acesso ao gabarito das atividades apresentadas ao longo dos capítulos. Para os professores, preparamos um plano de aulas, que o orientará na aplicação do conteúdo em sala de aula.

Para acessá-lo, siga estes passos:

1) Em seu computador, acesse o link: https://somos.in/CTA1

2) Se você já tem uma conta, entre com seu login e senha. Se ainda não tem, faça seu cadastro.

3) Após o login, clique na capa do livro. Pronto! Agora, aproveite o conteúdo extra e bons estudos!

Qualquer dúvida, entre em contato pelo e-mail suportedigital@saraivaconecta.com.br.

Sobre a autora

Graduada em Engenharia Química, a autora especializou-se em Cosmetologia no ano de 2006. Desde então, dedica-se à área cosmetológica, atuando como prestadora de serviços para várias indústrias do setor, auxiliando desde o desenvolvimento de novas formulações até assuntos legais, incluindo vinda de processos de fabricação do exterior para o Brasil.

Em virtude de sua formação pedagógica em Química, a autora também exerce atividade acadêmica, atuando como docente de Química em cursos de Farmácia e Meio Ambiente e como docente de Cosmetologia em cursos de Farmácia e Estética (técnico e pós-graduação).

Atualmente, realiza mestrado acadêmico em Ciência e Tecnologia da Sustentabilidade, cujo projeto visa desenvolver metodologias sustentáveis para a determinação de elementos tóxicos em produtos cosméticos.

Sumário

Capítulo 1 - Introdução à Cosmetologia 13

    1.1 A evolução 13

    1.2 Ciência multidisciplinar 16

        1.2.1 Aramacologia.. 16

        1.2.2 Aromaterapia 16

        1.2.3 Biotecnologia 16

        1.2.4 Fitoterapia 16

        1.2.5 Nanotecnologia 17

    1.3 Novos termos 17

        1.3.1 Alimético... 17

        1.3.2 Cosmecêutico 17

        1.3.3 Fitocosmético 17

        1.3.4 Nanocosmético... 17

        1.3.5 Neurocosmético 18

        1.3.6 Fonocosmético 18

        1.3.7 Nutricosmético... 18

        1.3.8 Cosmético multifuncional 18

        1.3.9 Cosmético natural 18

        1.3.10 Cosmético orgânico.. 18

        1.3.11 Cosmético sustentável 18

    Agora é com você!.. 19

Capítulo 2 - Conceitos Básicos de Cosmetologia 21

    2.1 A cosmetologia.. 21

    2.2 Fisiologia da Pele 22

    2.3 Noções de química 22

        2.3.1 Elemento químico, átomo, molécula e íon 22

        2.3.2 Química inorgânica 23

        2.3.3 Química orgânica.. 25

        2.3.4 Bioquímica 26

    2.4 Vitaminas 29

        2.4.1 Vitaminas hidrossolúveis 29

        2.4.2 Vitaminas lipossolúveis 31

    2.5 Minerais 32

    Agora é com você!.. 34

Capítulo 3 - Legislação para Cosméticos..**35**

3.1 Legislação segundo a Anvisa 35

3.2 Classificações dos produtos cosméticos...39

    3.2.1 Classe de produtos 39

    3.2.2 Função 39

    3.2.3 Risco sanitário 39

    3.2.4 Forma física dos cosméticos 42

Agora é com você!...44

Capítulo 4 - Componentes Cosméticos..**45**

4.1 Principais componentes...45

    4.1.1 Princípio ativo 45

    4.1.2 Aditivos 47

    4.1.3 Produtos de correção 47

    4.1.4 Veículo 48

Agora é com você!...50

Capítulo 5 - Permeabilidade Cutânea...**51**

5.1 Conceitos fundamentais 51

    5.1.1 Tipos de permeabilidade cutânea 52

    5.1.2 Vias de entrada dos cosméticos na pele 52

    5.1.3 Fatores que afetam a permeabilidade cutânea 53

    5.1.4 Procedimentos estéticos que facilitam a permeabilidade cutânea 55

5.2 Cronobiologia cutânea 56

Agora é com você!...57

Capítulo 6 - Cuidados Básicos...**59**

6.1 Higienização 59

6.2 Esfoliação 61

    6.2.1 Agentes físicos 61

    6.2.2 Agentes químicos 62

    6.2.3 Agentes biológicos 62

    6.2.4 Gomagem 62

6.3 Tonificação 63

    6.3.1 Potencial hidrogeniônico (pH) 63

    6.3.2 Tipos de tônicos 64

6.4 Hidratação 65

6.5 Máscaras...65

Agora é com você!...66

Capítulo 7 - Fotoprotetores..67

7.1 Benefícios da ação solar 67

7.2 Histórico: pele bronzeada e fotoprotetores...68

7.3 Efeitos da radiação ultravioleta na pele..68

7.4 Efeitos da radiação ultravioleta nos cabelos 70

7.5 Protetor solar...71

    7.5.1 Filtro solar físico...71

    7.5.2 Filtro solar químico 73

    7.5.3 Fator de proteção solar 73

    7.5.4 Formas de apresentação 77

Agora é com você!...78

Capítulo 8 - Tipos e Subtipos de Pele...79

8.1 Diferenciais fisiológicos da pele...79

    8.1.1 Pele lipídica..80

    8.1.2 Pele mista 81

    8.1.3 Pele alipídica...81

    8.1.4 Pele eudérmica 81

    8.1.5 Pele acneica..82

    8.1.6 Pele sensível 82

    8.1.7 Pele desidratada..83

    8.1.8 Pele fotoenvelhecida 84

8.2 Ativos indicados 84

    8.2.1 Adstringentes..85

    8.2.2 Matificantes..85

    8.2.3 Inibidores enzimáticos 86

    8.2.4 Queratolíticos 87

    8.2.5 Antissépticos...88

    8.2.6 Anti-inflamatórios 88

    8.2.7 Cicatrizantes 89

    8.2.8 Calmantes...90

    8.2.9 Emolientes..90

    8.2.10 Umectantes 90

    8.2.11 Hidratantes intracelulares...91

8.2.12 Filtros solares 92

Agora é com você! 92

Capítulo 9 - Pele Acneica 93

9.1 A acne..93

9.1.1 Pentágono da acne 93

9.1.2 Graus da acne 95

9.2 Ações cosmetológicas 95

9.3 Conceitos do tratamento 96

Agora é com você! 98

Capítulo 10 - Envelhecimento Cutâneo 99

10.1 Classificação 99

10.1.1 Envelhecimento intrínseco 99

10.1.2 Envelhecimento extrínseco 100

10.2 Características cutâneas 100

10.2.1 Pele cronoenvelhecida 100

10.2.2 Pele fotoenvelhecida 101

10.3 Classificação Glogau 101

10.4 Ações cosmetológicas 102

10.4.1 Antioxidantes 102

10.4.2 Regeneradores dérmicos 104

10.4.3 Renovadores epidérmicos 104

10.4.4 Tensores..105

10.4.5 Preenchedores 105

Agora é com você! 106

Capítulo 11 - Discromias 107

11.1 Cor da pele..107

11.2 Melanogênese...108

11.3 Tipos de discromias...108

11.4 Ações cosmetológicas 109

Agora é com você! 110

Capítulo 12 - Gordura Localizada e Hidrolipodistrofia Ginoide 111

12.1 Tecido subcutâneo...111

12.1.1 Processos bioquímicos 112

12.1.2 Tecido subcutâneo feminino e masculino 112

12.2 Alterações subcutâneas 113

12.3 Ações cosmetológicas 114

Agora é com você! 116

Capítulo 13 - Estrias 117

13.1 Definição 117

13.1.1 Tipos de estrias 118

13.2 Ações cosmetológicas 118

13.2.1 Emoliência 118

13.2.2 Hidratação intracelular 118

13.2.3 Ação anti-inflamatória 119

13.2.4 Microcirculação 119

13.2.5 Regeneradores dérmicos 119

13.2.6 Renovadores epidérmicos 119

13.3 Inovação 120

Agora é com você! 120

Capítulo 14 - Cuidados com o Uso dos Cosméticos 121

14.1 Cuidados preventivos 121

14.2 Cuidados durante o uso 122

14.3 Cuidados pós-uso 122

Agora é com você! 124

Capítulo 15 - Dicionário de Ativos Cosméticos 125

Agora é com você! 146

Bibliografia 147

Apresentação

O livro *Cosmetologia Aplicada* apresenta as ações cosmetológicas voltadas aos procedimentos estéticos de forma agradável, em que as informações são detalhadas em uma sequência de raciocínios e ilustrações complementares.

O capítulo *Introdução à cosmetologia* traz curiosidades históricas que justificam a evolução dessa ciência, mostrando a sua multidisciplinaridade e discutindo temas atuais como nanocosméticos, neurocosméticos, fonocosméticos, nutricosméticos e aliméticos.

O capítulo *Conceitos básicos da cosmetologia* retrata a compreensão de outras ciências, como a química. O capítulo *Legislação dos cosméticos* apresenta as principais resoluções da Agência Nacional de Vigilância Sanitária (Anvisa), que funciona até mesmo como um material auxiliar de consulta para questões legais.

No capítulo *Componentes cosméticos* serão discutidos os veículos cosméticos que farão o leitor compreender por que os ativos lipossomados apresentam vantagens sobre ativos que não contam com essa tecnologia. O capítulo *Permeabilidade cutânea* aborda conteúdos básicos, como as vias de entrada dos cosméticos na pele e os fatores que influenciam esta entrada.

O capítulo *Cuidados básicos* descreve cuidados como higienização, esfoliação, tonificação, hidratação, aplicação de máscaras e proteção solar, e explica os diferentes tipos de cosméticos existentes para esses cuidados.

O capítulo *Fotoprotetores* descreve características das radiações UV, os filtros presentes nos protetores e os graus de proteção expressos nos rótulos dos cosméticos.

O capítulo *Tipos e subtipos de pele* descreve os diferenciais fisiológicos e os ativos eficazes para cada caso.

O capítulo *Pele acneica* aborda os aspectos mais importantes para a cosmetologia com base no pentágono da acne.

O capítulo *Envelhecimento cutâneo* trata das classificações existentes, incluindo a de *Glogau*, e todas as características de uma pele cronoenvelhecida ou fotoenvelhecida.

O capítulo *Discromias* apresenta desde a explicação da cor da pele até as reações envolvidas nesse processo, bem como as principais discromias e as ações dos ativos descobertos pela indústria como uma maneira de controlar ou inibir as irregularidades pigmentares.

O capítulo *Gordura localizada e hidrolipodistrofia ginoide (HLDG)* aborda as ações cosmetológicas nesses tipos de afecções, e também as alterações subcutâneas da HLDG, finalizando com todas as ações cosmetológicas necessárias tanto para essa alteração quanto para a gordura localizada.

O capítulo *Estrias* apresenta as ações que, embora já utilizadas há décadas, persistem na tentativa de melhorar a pele afetada.

O capítulo *Cuidados com o uso dos cosméticos* descreve as medidas corretas a serem seguidas antes, durante e após o uso de um produto cosmético.

O livro finaliza com um *Dicionário de ativos cosméticos*, que servirá como um capítulo de consulta para o leitor que pretende conhecer um produto cosmético e suas reais ações antes de adquiri-lo.

Este livro trará ao leitor uma gama de conhecimentos, permitindo que ele se integre ao mundo da cosmetologia de modo agradável, recebendo todas as informações necessárias para que tenha confiança em seu trabalho e saiba escolher os produtos mais indicados para cada cliente. É importante destacar que cabe ao profissional esteticista manter-se atualizado com relação aos avanços da cosmetologia. Não basta conhecer a anatomia e a fisiologia da pele, nem qual o melhor veículo para o tipo de pele do cliente. E necessário inteirar-se da tecnologia utilizada pela indústria cosmética, entender como o produto age na pele, como penetra e até onde consegue chegar, quais as sensações que proporciona ao cliente e, principalmente, quais os resultados que se pode esperar com o tratamento estético adequado.

Deve-se lembrar que é vedada ao esteticista a manipulação de formulações. A indústria cosmética coloca à disposição uma gama de produtos de altíssima qualidade e eficácia. Caso o profissional opte por fazer uso de fórmulas manipuladas, deve ter prescrição médica específica para o cliente que for utilizar a formulação.

A Autora

Introdução à Cosmetologia

Para começar

Este capítulo tem por objetivo apresentar a evolução da cosmetologia, despertando o interesse do leitor por essa ciência que movimenta um dos mercados mais lucrativos: o mercado da estética e dos cosméticos. A partir desta leitura, será possível a compreensão de como surgiu a cosmetologia e os seus avanços, com base em informações desde séculos passados até as décadas atuais.

1.1 A evolução

A evolução da cosmetologia é densa e repleta de curiosidades. Por isso, foram selecionados alguns acontecimentos marcantes para serem citados neste capítulo. No entanto, antes de apresentarmos essa evolução, é importante verificar se o leitor conhece a palavra cosmetologia.

Ao ler essa palavra, provavelmente o primeiro significado que vem à mente é: estudo dos cosméticos. De forma bem simples, essa explicação está correta, embora não seja específica quanto a esse estudo. Levando isso em consideração, alguns pesquisadores arriscaram-se a descrever a cosmetologia: "[...] ciência que trata da preparação, estocagem e aplicação de produtos cosméticos, como também das regras que regem essas atividades - sejam elas de natureza física, química, biológica ou microbiológica" (JELLINEK apud REBELLO, 2004, p. 9).

Sob outro olhar, Thiers (1980) também deu sua contribuição sobre a cosmetologia, afirmando que esta é a ciência e arte de melhorar a aparência.

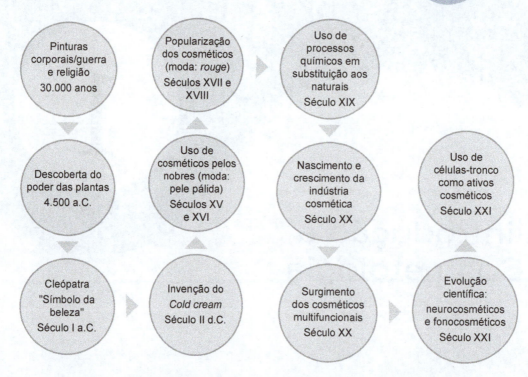

Figura 1.1 - Fluxograma representando um resumo da evolução da cosmetologia.

Note que essa definição mais antiga associava cosmetologia a uma arte de melhora de aparências, não sendo clara sobre essa arte. Assim, podem-se considerar algumas atitudes de nossos ancestrais indícios da cosmetologia.

O interesse de enfeitar o corpo com pinturas data de antes de Cristo, há cerca de 30.000 anos. Nossos ancestrais pré-históricos pintavam seus corpos como uma forma de preparo para guerras ou rituais religiosos. Entretanto, o primeiro relato considerável data de 4500 a.C., quando os chineses descobriram o poder das plantas. Os egípcios também exploraram as propriedades químicas dos vegetais, tanto que arqueologistas encontraram sinais de uso de cosméticos datados de 4000 a.C. nesse país. Destaca-se a mistura de óleo de sésamo e óleo de oliva com fragrâncias de plantas, além de maquiagens (pasta à base de cobre, pó de chumbo e fuligem com gordura animal, como sombra para os olhos) e unguentos para tratamento de pele. Os gregos já usavam pó nas faces em 4000 a.C. e os egípcios pintavam os olhos, para evitar a contemplação direta ao sol, em 3000 a.C.

No século I a.C., Cleópatra destacava-se com suas maquiagens e seus banhos com leite de cabra, dando origem às pesquisas cosméticas. Máscaras faciais noturnas, feitas de farinha de favas e miolo de pão diluídos no leite de jumenta, foram difundidas por Pompeia, a favorita do imperador Nero, na Roma Antiga imperial (GOMES; DAMAZIO, 2009).

No século II d.C., Galeno, médico grego, inventou o primeiro creme facial do mundo (*Cold Cream*), feito à base de cera de abelha, azeite de oliva e água. Outra curiosidade nesse século ocorreu na Grécia, onde a maquiagem antes do casamento foi proibida. No século III d.C., o esmalte indicava a classe social. Nessa época, o esmalte era feito com goma arábica, clara de ovo, gelatina e cera de abelha. Há relatos de misturas de gordura com sangue para colorir as unhas.

Cosmetologia Aplicada

Dando um salto para o século XIII, destacam-se os batons, não como conhecemos hoje, mas uma tintura rosa ou de açafrão para passar nos lábios. Nessa época, também já existiam os perfumes à base de álcool. A busca por uma maquiagem perfeita continuou no século XIV, quando as mulheres utilizavam claras de ovos por cima da maquiagem para garantir um aspecto lustroso. Já a prevenção e o tratamento de rugas poderiam ser alcançados ao dormir com fatias de carne crua sobre o rosto.

Após um período ausente, o cosmético reapareceu na Europa, nos séculos XV e XVI, para ser utilizado pelos nobres. Nessa época, era comum o uso de substâncias branqueadoras na face (carbonatos, hidróxido e óxido de chumbo). Percebe-se que a França e a Itália se destacavam no setor de desenvolvimento cosmético (muito diferente do que temos hoje, mas pode-se considerar um "desenvolvimento"). Em Florença, inaugurou-se o primeiro laboratório cosmético e medicinal.

Nos dois séculos seguintes, os cosméticos passaram a ser utilizados por todas as classes sociais. O pálido deixou de ser moda. Era a vez dos *rouges* e dos batons, indicando pessoas alegres. Como nunca se agrada a todos, os não adeptos das maquiagens diziam que elas eram utilizadas por aqueles que tinham algo a esconder, como os franceses.

O desenvolvimento só começou a aproximar-se do que temos hoje no século XIX, com o uso de processos químicos para substituir os produtos naturais. Embora tenha sido encontrada no óxido de zinco a possibilidade de substituir as substâncias tóxicas à base de chumbo, utilizadas na face, o perigo voltou-se para os lábios. Para evidenciá-los cada vez mais vermelhos, era comum o uso de sulfeto de mercúrio. Nas sombras, utilizavam-se o chumbo e o sulfeto de antimônio. Nesse século, é interessante destacar o surgimento dos antiperspirantes e desodorantes à base de alumínio, além da popularização dos banhos.

O século XX foi marcado pelo nascimento e crescimento da indústria cosmética. Podem ser destacados os seguintes fatos:

» 1915: os Estados Unidos inovaram com a produção do batom manufaturado. Dois anos depois, a atriz que interpretou Cleópatra no cinema mudo, Theda Bara, provocou alvoroço ao aparecer no cinema usando cosméticos de Helena Rubinstein, responsável por máscaras faciais e maquiagens coloridas muito próximas das que temos atualmente.

» 1920: começaram a aparecer as cadeias de lojas, popularizando ainda mais o uso dos cosméticos. Nessa década, destacou-se também a intensificação do mercado de batons vermelhos.

» 1921: batom fabricado e comercializado em bastão.

» 1927: desenvolvimento do permanente para os cabelos.

» Década de 1930: conceito de pele bronzeada como sinônimo de saúde e beleza.

» 1935: criação do *pancake*. Com os filmes e televisores coloridos, foi necessário ajustar as cores da maquiagem dos artistas.

» 1950: intensificação dos produtos de bronzeamento. Mais opções de produtos para lábios e olhos. Nesse ano ocorreram inovações como a chegada de produtos masculinos no Brasil.

» 1960: surgimento dos cílios postiços e popularidade de produtos com substâncias naturais, como suco de cenoura.

Introdução à Cosmetologia

» 1970: conscientização a favor da defesa de animais (visto que muitos ativos eram oriundos de animais). Alguns produtos foram abolidos.

» Décadas de 1970 e 1980: chegada dos protetores solares, tratamentos a *laser* e uso dos ácidos retinoico e glicólico no Brasil.

» Década de 1990: surgimento dos cosméticos multifuncionais.

No século XXI, surgiram novidades como os cosmecêuticos (cosméticos com leve ação medicamentosa), neurocosméticos (cosméticos com influências no sistema nervoso central), fonocosméticos (produzem movimentação celular por meio de ondas ultrassônicas) e o uso de células-tronco de origem vegetal como ativos cosméticos.

Logo, nota-se que a cosmetologia é uma ciência que já não pode caminhar sozinha. Suas bases evolutivas necessitam de princípios que só podem ser explicados por outras áreas de pesquisa.

1.2 Ciência multidisciplinar

O leitor pôde perceber, no breve histórico da cosmetologia, como essa ciência passou de algo rudimentar para uma ciência multidisciplinar. Essa multidisciplinaridade da cosmetologia ocorre com diversas áreas do conhecimento, desde a biologia das plantas até a engenharia dos materiais, por exemplo, resultando em importantes avanços. Alguns dos estudos que contribuíram e contribuem para o crescimento do setor são descritos a seguir.

1.2.1 Aramacologia

Este termo foi criado em 1989 durante uma pesquisa sobre as relações entre psicologia e tecnologia de fragrâncias (PEYREFITTE; MARTIN; CHIVOT, 1998). O objetivo da aramacologia é realizar um estudo que envolve áreas como química, farmacologia, neurofisiologia e cosmetologia e desenvolver aromas que provoquem reações emocionais positivas.

1.2.2 Aromaterapia

É a ciência que cuida da saúde física e mental, cuja base é a aplicação tópica e/ou inalação de óleos essenciais. O termo foi utilizado pela primeira vez em 1928, pelo perfumista René M. Gattefossé (GOMES; DAMAZIO, 2009).

1.2.3 Biotecnologia

A biotecnologia consiste em uma ciência que desenvolve seus estudos com base em organismos vivos. Com o número crescente de princípios ativos cosméticos obtidos por meio desses organismos, a biotecnologia é cada vez mais importante para a cosmetologia.

1.2.4 Fitoterapia

É a terapia baseada na ação das plantas (*phiton* = vegetal).

1.2.5 Nanotecnologia

Tecnologia que visa à economia de átomos, ou seja, à redução do tamanho de partículas e/ou materiais. O prefixo *nano* corresponde à bilionésima parte de alguma grandeza (1 nm = 10^{-9} m). A indústria cosmética desenvolveu técnicas de fabricação de partículas que possuem dimensão inferior a 100 nanômetros.

1.3 Novos termos

Com a evolução da cosmetologia e das demais ciências que a regem, começaram a aparecer diferentes estudos e termos que pudessem orientar melhor o usuário sobre o produto cosmético. Assim, surgiram os fitocosméticos, os cosmecêuticos, os dermocosméticos, os nanocosméticos, os neurocosméticos, os fonocosméticos, os nutricosméticos e os aliméticos.

1.3.1 Alimético

Produto alimentício que, quando ingerido, pode auxiliar em algum benefício estético, influenciando a saúde e beleza da pele, dos cabelos e das unhas. Esses benefícios se devem à presença de substâncias como zinco, selênio, cálcio, colágeno, taurina, carotenoides e vitaminas A, B_1, B_2, B_3, B_6, B_7, B_8, B_9, B_{12}, C, D, E e H.

1.3.2 Cosmecêutico

O dermatologista norte-americano Albert Kligman criou o termo "cosmecêutico" na década de 1980, para definir produtos cosméticos que possuem em sua formulação princípios bioativos, com propriedades terapêuticas, porém em concentrações menores que as utilizadas em medicamentos. Portanto, csscs produtos podem ser entendidos como formulações que possuem ativos farmacológicos, mais eficazes que os cosméticos, sem serem medicamentos. Atualmente, esses produtos são chamados de dermocosméticos quando levam os seus princípios ativos além da epiderme.

1.3.3 Fitocosmético

Cosmético cujos princípios ativos são oriundos de plantas. Utilizam como ativos óleos vegetais, manteigas vegetais e extratos de plantas medicinais. Deve-se destacar que apenas o termo e os procedimentos são novos, já que o uso de ativos vegetais, para fins de embelezamento, possui registros arqueológicos de mais de 5 mil anos (GOMES; DAMAZIO, 2009).

1.3.4 Nanocosmético

Produto cosmético com partículas de tamanho molecular reduzido (nanopartículas). Esse cosmético geralmente proporciona resultados mais eficazes, visto que apresenta maior facilidade para atravessar barreiras da pele e do sistema capilar, quando comparado aos cosméticos sem essa tecnologia.

Introdução à Cosmetologia

1.3.5 Neurocosmético

Cosmético com ação no sistema nervoso central. De forma mais detalhada, é capaz de estimular as terminações nervosas da pele e enviar ao hipotálamo sensações de bem-estar e prazer, desencadeando a liberação de substâncias que melhoram o aspecto geral da pele e estimulam a síntese proteica. Para isso, usam ativos específicos, como fitoendorfinas ou ativos que estimulam a liberação de endorfinas. Os ativos neurocosméticos mais comuns são o *Endorphin*®, o *Neuroxyl*® e as fitoendorfinas (GOMES; DAMAZIO, 2009).

1.3.6 Fonocosmético

Este produto possui ativos capazes de liberar ondas ultrassônicas após estímulos mecânicos. Essas ondas ultrassônicas promovem movimento celular por meio do movimento brawniano. Os estudos demonstram que esse ativo é capaz de estimular células como os fibroblastos e os queratinócitos. O ativo estudado é o *pó de opala*.

1.3.7 Nutricosmético

Embora não se enquadrem na classe dos cosméticos, de acordo com a Agência Nacional de Vigilância Sanitária (Anvisa), os nutricosméticos alegam promover benefícios estéticos. Podem ser considerados suplementos nutricionais compostos de vitaminas, aminoácidos, proteínas e/ou ativos botânicos antioxidantes. Por isso, geralmente são utilizados para retardo do envelhecimento, melhora de firmeza cutânea, proteção solar e até mesmo prevenção contra queda capilar.

1.3.8 Cosmético multifuncional

Produto cosmético que exerce mais de uma função ao mesmo tempo (por exemplo, os atuais *BB creams*). Geralmente hidratam, tonalizam a pele e protegem das radiações ultravioleta (UV).

1.3.9 Cosmético natural

Recebe essa classificação quando contém, pelo menos, 5% de matérias-primas orgânicas certificadas (100% natural). O restante pode ser água, matérias-primas naturais não certificadas ou permitidas para formulações naturais.

1.3.10 Cosmético orgânico

Contém 95% de matérias-primas certificadas orgânicas (100% orgânica). O restante pode ser água, matérias-primas naturais não certificadas ou permitidas para formulações orgânicas.

1.3.11 Cosmético sustentável

Cosmético com embalagens biodegradáveis e/ou recicladas e matérias-primas que não provoquem danos ao meio ambiente. Além dessa questão ambiental, devem ser social e economicamente viáveis.

Vamos recapitular?

A introdução à cosmetologia trouxe ao leitor noções do processo evolutivo da cosmetologia, mostrando que, embora a maior parte da evolução tenha ocorrido a partir do século XX, a origem de todo este processo se deu há milênios.

Com os avanços cada vez em ritmos mais acelerados, o profissional que trabalha com a cosmetologia deve estar sempre atualizado, compreendendo desde as ciências multidisciplinares que a regem até os novos termos que vão surgindo para especificar a forma de ação ou as características principais de um cosmético.

Diante dessa multidisciplinaridade, o leitor deve conhecer alguns conceitos básicos de ciências, como a química. Por isso, o próximo capítulo abordará esses conceitos, preparando o leitor para aprofundar-se no interessante estudo da cosmetologia.

Agora é com você!

1) Uma das teorias para a origem da palavra *cosmético* acredita que ela veio do grego *kosmetikós*, referente a adorno, enfeite. No entanto, isso ocorreu no século XVI. Hoje, vê-se que a palavra cosmético nem sempre aparece sozinha, podendo vir acompanhada de *natural, orgânico, sustentável* e/ou *multifuncional*. Explique o significado de cada um desses cosméticos: natural, orgânico, sustentável e multifuncional.

2) A cosmetologia é o estudo de produtos cosméticos para diferentes funções, como higienizar, conservar/proteger, reparar/corrigir e maquilar/enfeitar. Acompanha todas as etapas, desde o desenvolvimento do cosmético até a sua chegada às mãos do consumidor. É uma ciência que avança rapidamente; com isso, continuamente aparecem novos termos na área cosmética. Associe os termos *fitocosméticos, cosmecêuticos, dermocosméticos, nanocosméticos, neurocosméticos, fonocosméticos, nutricosméticos* e *aliméticos* com sua respectiva descrição.

   a) Estimulam as terminações nervosas da pele a enviar ao hipotálamo sensações de bem-estar e prazer, desencadeando a liberação de substâncias que melhoram o aspecto geral da pele e estimulam a síntese proteica. Usam ativos específicos, como fitoendorfinas, ou ativos que estimulam a liberação de endorfinas.

   b) Termo criado na década de 1980, pelo dermatologista norte-americano Albert Kligman, para definir produtos cosméticos que possuem em sua formulação princípios bioativos, com propriedades terapêuticas, porém em concentrações menores que as utilizadas em medicamentos. Assim, esses produtos podem ser entendidos como formulações que possuem ativos farmacológicos, mais eficazes que os cosméticos, sem serem medicamentos.

c) Cosméticos com partículas de tamanho molecular reduzido. Apresentam maior facilidade para atravessar barreiras da pele e do sistema capilar quando comparados aos cosméticos sem essa tecnologia. Por isso, demonstram resultados mais eficazes.

d) Levam os seus princípios ativos além da epiderme.

e) Alimentos com funcionalidade cosmética, visto que influenciam a saúde e beleza da pele, dos cabelos e das unhas. Os ativos utilizados são vitaminas e nutrientes como vitaminas A, B_1, B_2, B_3, B_6, B_{12}, C, D, E, ácido fólico, biotina, carotenoides, zinco, selênio, extrato concentrado de guaraná, acerola, extrato de algas marinhas vermelhas mineralizadas, extratos concentrados de uva e açaí, cálcio, colágeno e taurina.

f) Possuem princípios ativos oriundos de plantas, como óleos vegetais, manteigas vegetais e extratos de plantas medicinais.

g) Utilizam ondas ultrassônicas para promover movimento celular por meio do movimento brawniano. O ativo estudado é o *pó de opala*. Os estudos demonstram que esse ativo é capaz de estimular células como os fibroblastos e os queratinócitos.

h) Podem ser considerados suplementos nutricionais compostos de vitaminas, aminoácidos, proteínas e/ou ativos botânicos antioxidantes. De forma geral, contêm compostos nutracêuticos em sistemas de liberação tópica, promovendo retardo do envelhecimento, melhora de firmeza cutânea, proteção solar e prevenção de queda capilar.

2

Conceitos Básicos de Cosmetologia

Para começar

A cosmetologia é uma ciência multidisciplinar, dependente de ciências como a química, a física, a biologia, a anatomia da pele e a psicologia. Este capítulo visa fornecer um breve resumo sobre os principais conceitos de algumas ciências envolvidas no estudo da cosmetologia. Dessa forma, o leitor será capaz de compreender desde as formulações cosméticas até os assuntos que serão abordados no capítulo sobre permeabilidade cutânea.

2.1 A cosmetologia

Cosmetologia é a ciência que estuda os produtos cosméticos em todos os seus aspectos, como o desenvolvimento da sua formulação, considerando compatibilidades químicas e custos; tipos, subtipos e desordens cutâneas; além dos testes químicos, físicos, biológicos e microbiológicos necessários para a segurança do produto e do usuário; testes de eficácia; escolha da embalagem adequada; cuidados com transporte e armazenamento; marketing e legislação vigente para o cosmético. Nota-se, assim, que a fisiologia da pele e o estudo dos cosméticos devem compreendidos pelo profissional que queira tornar-se especialista nessa área.

O esteticista deve ter conhecimentos de cosmetologia aplicada à estética. Não se exige dele conhecimentos científicos aprofundados em todos os setores da cosmetologia, mas sim noções básicas de conceitos que poderão fazer parte do seu cotidiano com os cosméticos. Dessa forma, destaca-se a necessidade de noções de fisiologia da pele e de química em suas diferentes vertentes, como a química inorgânica, a orgânica e a bioquímica.

2.2 Fisiologia da pele

A fisiologia da pele é a ciência que estuda a natureza, as funções e o funcionamento do maior órgão do corpo humano. Portanto, o estudo dessa ciência permite a compreensão dos diferentes processos físicos e bioquímicos que ocorrem na pele.

De modo geral, a pele representa 16% do peso corporal e é constituída pela epiderme, pela derme e pelo tecido subcutâneo. A epiderme é a camada mais externa, responsável pela proteção do corpo contra danos externos e contra a perda de substâncias benéficas, como a água. Além disso, origina as unhas, os pelos, as glândulas sebáceas e as glândulas sudoríparas. As glândulas sudoríparas permitem a regulação da temperatura corporal, enquanto as glândulas sebáceas, em conjunto com as glândulas sudoríparas, auxiliam a hidratação natural da pele por meio da produção do manto hidrolipídico. A derme é a camada localizada abaixo da epiderme. Essa camada apresenta vasos sanguíneos, vasos linfáticos e terminações nervosas, sendo capaz de conferir sensações como calor, frio, choque e tato. Em virtude da presença das fibras de colágeno e elastina, a derme é a camada responsável pela firmeza e elasticidade da pele. Abaixo da derme localiza-se o tecido subcutâneo, conhecido como hipoderme, que representa basicamente feixes de tecido conjuntivo que envolve os adipócitos (células de gordura). Essa constituição do tecido subcutâneo permite a reserva energética e nutritiva do corpo humano, a proteção contra traumas e o isolamento térmico.

2.3 Noções de química

A química é uma ciência que representa a base da vida, considerando que tudo é formado pela combinação perfeitamente equilibrada de elementos químicos. Citando o corpo humano como exemplo, temos a pele, os cabelos, as unhas, os dentes, os lábios e as mucosas. Todo o corpo humano representa um conjunto de combinações resultante de reações químicas reversíveis e irreversíveis que garantem nossa vitalidade. Quando a pele se apresenta desidratada, algo provocou essa desordem. Essa falta de água costuma estar associada à deficiência de outras moléculas na pele, não simplesmente de água. Nos itens a seguir, será definida uma série de termos químicos que poderão auxiliar o estudo da cosmetologia.

2.3.1 Elemento químico, átomo, molécula e íon

O elemento químico é uma substância simples representada pelo conjunto de todos os átomos com o mesmo número atômico, mas que podem apresentar massas atômicas diferentes (isótopos).

Existem elementos químicos naturais, como hidrogênio, oxigênio, carbono, sódio e silício, e elementos químicos artificiais ou sintéticos, como tecnécio e frâncio. Todos os elementos químicos estão organizados na tabela periódica.

> **Fique de olho!**
>
> A tabela periódica é composta de 118 elementos químicos. Foram descobertos 92 elementos químicos naturais; o restante são elementos sintéticos.

Os átomos dos elementos químicos podem combinar-se com outros átomos em busca de uma estabilidade química. Para isso, recebem, doam ou compartilham elétrons de suas eletrosferas por meio das ligações químicas, resultando em moléculas.

Tabela 2.1 - Definições de átomos, moléculas e íons

Partícula	Definição
Átomo	Partícula divisível, composta de um núcleo e uma eletrosfera. A eletrosfera é constituída por várias camadas, a última das quais é responsável pelas ligações químicas entre dois átomos, dando origem às moléculas
Molécula	Menor partícula de uma substância pura, resultante da união de dois ou mais átomos ligados entre si
Íon	Partícula eletricamente carregada. É chamada de cátion quando está positivamente carregada e de ânion quando tem carga negativa

2.3.2 Química inorgânica

A química inorgânica é um ramo da química clássica que estuda os compostos que não possuem átomos de carbono coordenados em cadeias. De forma geral, esses compostos inorgânicos estão divididos em ácidos, bases, sais, óxidos e hidretos, de acordo com suas composições e comportamentos químicos.

2.3.2.1 Ácido

De acordo com Arrhenius, ácido é toda substância que, em meio aquoso, libera íon H_3O^+ (ou H^+).

Exemplo

Ionização do ácido bórico (H_3BO_3):

$H_3BO_3 + H_2O \longrightarrow H^+ + B(OH)_4^-$

O ácido bórico é um ácido fraco com propriedades adstringentes e antissépticas.

2.3.2.2 Base

De acordo com Arrhenius, base é toda substância que, em meio aquoso, libera íon OH^-.

Exemplo

Dissociação do hidróxido de lítio (LiOH):

$LiOH \longrightarrow Li^+ + OH^-$

O hidróxido de lítio é utilizado como alisante suave para cabelos crespos e com coloração.

> **Amplie seus conhecimentos**
>
> Arrhenius foi um físico-químico sueco que defendeu, em sua tese de doutorado, a teoria da dissociação eletrolítica e da ionização. Essa pesquisa lhe garantiu o Prêmio Nobel em 1903.

Figura 2.1 - Svante Arrhenius (1859-1927).

2.3.2.3 Sal

Sal é toda substância que, em meio aquoso, libera ao menos um cátion diferente de H_3O^+ e um ânion diferente de OH^-. Pode-se considerar o sal resultado de uma reação de neutralização entre um ácido e uma base. O principal produto de uma reação entre um ácido e uma base é a água. Ao se eliminar a água, forma-se o sal.

2.3.2.4 Óxido

Óxido é todo composto binário com oxigênio. Pode reagir com ácidos, bases, outros óxidos e água. Em virtude de seu comportamento quando reagem com água, os óxidos podem ser ácidos ou básicos. Óxidos ácidos são aqueles de elementos não metálicos que, ao reagirem com água, formam ácidos. Já os óxidos básicos são aqueles de elementos metálicos que, ao reagirem com água, formam bases (hidróxidos). Seguem exemplos de reações de óxido ácido e de óxido básico:

Exemplos

$$CO_{2(g)} + H_2O_{(l)} \longrightarrow H_2CO_{3(aq)}$$
dióxido de carbono ácido carbônico
(óxido ácido)

$$CaO_{(s)} + H_2O_{(l)} \longrightarrow Ca(OH)_{2(aq)}$$
óxido de cálcio hidróxido de cálcio
(óxido básico)

Os óxidos mais utilizados na cosmetologia são o ZnO (óxido de zinco) e o TiO_2 (dióxido de titânio), muito comuns como pigmentos em cosméticos gerais e como filtros físicos em protetores solares.

Exercício resolvido

Complete a Tabela 2.2 com a função química (ácido, base, sal ou óxido) correspondente a cada substância química.

Tabela 2.2 - Exemplos de substâncias inorgânicas (fórmulas, função e ação)

Substância	Função	Ação
$ZnSO_4$ (sulfato de zinco)	*sal*	Adstringente e antisséptico
$NaOH$ (hidróxido de sódio)	*base*	Alisante capilar
$NaCl$ (cloreto de sódio)	*sal*	Espessante da formulação
H_2O_2 (peróxido de hidrogênio)	*óxido*	Despigmentante e antisséptico
ZnO (óxido de zinco)	*óxido*	Filtro físico contra radiação UV
$LiOH$ (hidróxido de lítio)	*base*	Alisante capilar

Solução

A coluna do meio (Função) deve ser preenchida com base na molécula ou no nome da substância.

2.3.3 Química orgânica

A química orgânica é o ramo da química que estuda os compostos químicos que possuem átomo de carbono coordenado em cadeias. O átomo de carbono é tetravalente, ou seja, pode se ligar a até quatro outros átomos ao mesmo tempo. Assim, o carbono forma milhões de compostos diferentes, uma quantidade maior que todos os compostos formados por todos os outros elementos químicos juntos. São conhecidos cerca de quinze milhões de compostos de carbono, o que possibilita uma quantidade quase infinita de reações químicas, gerando novos compostos. Essa variedade de compostos orgânicos apresenta diferentes formas de cadeias e diferentes funções orgânicas, resultando em propriedades diversificadas e muito úteis para a elaboração de produtos cosméticos.

Assim como os compostos inorgânicos, os compostos orgânicos também estão organizados em grupos (funções orgânicas) de acordo com a composição e o comportamento químico da molécula. Os grupos dos compostos orgânicos são hidrocarbonetos, alcoóis, aldeídos, cetonas, fenóis, ácidos carboxílicos, ésteres, éteres, aminas, amidas e haletos.

Dentre as diversas funções orgânicas, as principais para a cosmetologia são os hidrocarbonetos, as funções nitrogenadas e as funções oxigenadas. Os hidrocarbonetos apresentam moléculas formadas apenas por carbono e hidrogênio. As demais funções são derivadas dos hidrocarbonetos. As funções nitrogenadas apresentam moléculas que possuem átomo(s) de nitrogênio, além do carbono e hidrogênio. Para uso em cosméticos, destacam-se as aminas, compostos formados a partir da amônia (NH_3), que perderam um ou mais hidrogênios para a entrada de átomo(s) de carbono, como a trietanolamina, muito utilizada em limpeza de pele. Graças ao seu caráter alcalino, promove o amolecimento do estrato córneo, facilitando a extração de comedões (lesões acneicas não inflamatórias). As vitaminas, cujo nome significa "vital amina", substâncias de importância fundamental para a manutenção da vida, também são classificadas como aminas.

As funções oxigenadas apresentam moléculas com átomo(s) de oxigênio, além do carbono e do hidrogênio. Para esse grupo, existe uma grande variedade de compostos úteis para a cosmetologia: álcool, fenol, aldeído, cetona, ácido carboxílico, éter, éster e sal orgânico. O que distingue um composto de outro são os diferentes tipos de ligação entre as moléculas.

Os compostos orgânicos também apresentam caráter de acidez e basicidade, podendo atuar como princípios ativos, aditivos, produtos de correção e veículos cosméticos.

Exemplo

Ionização do ácido glicólico ($HOCH_2CO_2H$):

$$HOCH_2CO_2H + H_2O \longrightarrow H_3O^+ + {}^-OCH_2CO_2H$$

O ácido glicólico é muito utilizado como ativo em cosméticos para renovação da pele. Essa renovação é provocada pela ação química do H_3O^+ na superfície cutânea.

Destaca-se, ainda, que os ácidos orgânicos são muito mais utilizados que os ácidos inorgânicos em cosmetologia, visto que os ácidos orgânicos são, em geral, mais fracos.

Fique de olho!

Por muitos anos, acreditou-se que todos os compostos orgânicos eram produzidos naturalmente por organismos vivos e os compostos inorgânicos, por seres inanimados. Essa teoria começou a perder sua validade em 1838, com a síntese da ureia em laboratório (anteriormente, a única fonte de ureia eram alguns organismos vivos, como o ser humano).

Em cosmetologia, a ureia é utilizada principalmente pela sua alta capacidade de hidratação e fácil entrada na pele.

2.3.4 Bioquímica

A bioquímica é uma ciência interdisciplinar que estuda, principalmente, os processos químicos que ocorrem em seres vivos. Com base em conceitos químicos e biológicos, estuda as biomoléculas, que são as moléculas formadoras dos organismos vivos e que se encontram em todas as suas células e tecidos. Essas moléculas estão organizadas em seis grupos: carboidratos, lipídios, aminoácidos, proteínas, enzimas e ácidos nucleicos.

2.3.4.1 Carboidratos

Os carboidratos, também conhecidos como hidratos de carbono, açúcares, glicídios ou amidos, são moléculas constituídas por carbono, hidrogênio e oxigênio, podendo apresentar funções orgânicas como aldeídos e cetonas, além de vários grupos hidroxilas (OH^-) ligados aos átomos de carbono. Dentre os carboidratos existentes, o mais importante para a vida humana é a glicose, presente em uma média de 90 mg de glicose para cada 100 ml de sangue.

O carboidrato é a maior fonte de energia para a vida, armazenado no fígado e nos músculos em forma de glicogênio. Quando essas reservas de glicogênio estão muito altas, o organismo passa a armazená-lo em forma de gordura, constituindo-se a mais importante reserva energética dos seres vivos.

Em cosmetologia, os carboidratos são muito utilizados para espessar formulações e como agentes de hidratação. Os principais carboidratos são o amido, como agente espessante; a agarose, como ativo hidratante em nutricosméticos; o mel, como ativo cicatrizante e hidratante oclusivo; o ácido glicólico, como ativo de renovação celular; e o ácido hialurônico, como ativo hidratante e preenchedor cutâneo.

> **Fique de olho!**
>
> Os carboidratos participam do metabolismo de várias proteínas. Recomenda-se a ingestão de mais de 50% das calorias diárias na forma desses compostos - preferencialmente carboidratos complexos, encontrados em alimentos como frutas, produtos hortícolas, aveia e feijão. A digestão dos carboidratos complexos é mais lenta que a dos carboidratos simples, os quais são encontrados em doces, arroz branco e refrigerantes, por exemplo.

2.3.4.2 Lipídios

Os lipídios, também conhecidos como gorduras, são formados por carbono, hidrogênio e oxigênio, apresentando cadeias longas (com elevado número de carbonos) e a função orgânica éster. Além de formarem a estrutura da membrana celular e poderem funcionar como hormônios, também fornecem energia para o organismo e formam uma barreira de proteção para os órgãos vitais. Os lipídios mais comuns no organismo humano são os triacilgliceróis.

As gorduras são insolúveis em água e participam do metabolismo das vitaminas lipossolúveis. Para a cosmetologia, são úteis como hidratantes emolientes (considerando superfície cutânea e capilar), emulsificantes e agentes higroscópicos. Como exemplos muito utilizados citam-se óleo de abacate, óleo de amêndoas, óleo de girassol, óleo de semente de uva, óleo de argan, óleo de camélia, manteiga de cupuaçu, manteiga de murumuru, manteiga de cacau, manteiga de karité, cera de abelha, cera de carnaúba e óleos sintéticos.

Além das utilidades cosméticas aqui destacadas, como ativos de hidratação, os lipídios são muito importantes nas formulações de produtos cosméticos por conta das reações de saponificação e hidrólise sofridas pelos ésteres. A saponificação corresponde à reação de óleos e gorduras com bases como a trietanolamina, o hidróxido de sódio e o laurilsulfato de sódio. Os produtos dessa reação são sabão e glicerina, muito utilizados nos produtos de higiene. A hidrólise corresponde à reação que ocorre entre os lipídios e a água, produzindo alcoóis e ácidos. Uma hidrólise muito comum na cosmetologia é a do triglicerídeo, presente nos adipócitos, resultando em glicerol e ácidos graxos. Essa reação é utilizada nos tratamentos de gordura localizada e hidrolipodistrofia ginoide (HLDG).

2.3.4.3 Aminoácidos

Os aminoácidos são compostos orgânicos com moléculas muito pequenas. São as menores unidades formadoras dos peptídeos (cadeias com 2 a 10 aminoácidos), dos polipeptídeos (cadeias com mais de 10 aminoácidos) e das proteínas (cadeias com 70 ou mais aminoácidos). Esses compostos desempenham funções mistas, pois apresentam o grupo amina ($-NH_2$) e o grupo carboxila ($-COOH$), ou seja, podem ser derivados de reações entre aminas e ácidos carboxílicos.

O organismo humano possui 20 aminoácidos formadores de proteínas. Dentre estes, nove são os chamados aminoácidos essenciais, que o organismo não consegue produzir em quantidade suficiente. Dessa forma, é indispensável a sua ingestão. São eles: leucina, isoleucina, lisina, triptofano, fenilalanina, metionina, treonina, valina e histidina (este último essencial somente na infância).

Alguns aminoácidos empregados na cosmetologia são leucina, fenilalanina e prolina, com ação hidratante; lisina, para manutenção da cor dos cabelos; treonina, para redensificação da fibra capilar; e hidroxiprolina, que participa da molécula de colágeno.

Os polipeptídeos, moléculas cujas cadeias possuem de 2 a 10 aminoácidos, são muito utilizados como ativos tensores de musculatura superficial.

2.3.4.4 Proteínas

As proteínas são macromoléculas compostas de aminoácidos, substâncias formadas por carbono, hidrogênio, oxigênio e nitrogênio. Elas formam toda a estrutura dos tecidos, a membrana celular, os ossos, os músculos, as cartilagens, a pele, os cabelos e as unhas. As proteínas podem exercer função de defesa no organismo, formando os anticorpos; função de transporte, como a hemoglobina; funções de controle, movimento e armazenamento; função de catálise, como a enzimase; e função estrutural, como a queratina e o colágeno.

Para a cosmetologia, destacam-se as proteínas de função estrutural (colágeno e queratina) e de catálise (enzimas). Quando utilizado de forma tópica, o colágeno é útil para hidratar e umectar a pele e os cabelos, enquanto a queratina tem efeito restaurador e hidratante sobre os cabelos. Já as enzimas são empregadas com diferentes finalidades para produtos capilares e para a pele, pois possuem propriedades específicas, agindo em determinado local do organismo, ou seja, catalisam apenas um tipo de reação. Assim, há enzimas específicas que atuam no metabolismo das proteínas, no metabolismo dos carboidratos, no metabolismo dos lipídios, entre outros.

Fique de olho!

As enzimas também são conhecidas como catalisadores biológicos, visto que aceleram reações bioquímicas nos organismos vivos ao reduzirem suas energias de ativação.

São conhecidas mais de duas mil enzimas que atuam no metabolismo do corpo humano. A deficiência de uma determinada enzima pode trazer sérios danos, pois a reação química por ela catalisada pode não ocorrer na velocidade necessária para a manutenção da vida.

Como enzimas mais utilizadas em cosméticos estão a papaína, que atua como emoliente, queratolítico, clareador e renovador cutâneo; a bromelina, que aumenta a permeabilidade cutânea; a coenzima Q_{10}, com ação antioxidante; e a hialuronidose, que favorece a redução da retenção hídrica, alterando a permeabilidade cutânea, mediante hidrólise do ácido hialurônico.

2.3.4.5 Ácidos nucleicos

Os ácidos nucleicos são macromoléculas complexas, essenciais a todos os organismos vivos, constituídas por carbono, hidrogênio, oxigênio, nitrogênio e fósforo. Os tipos de ácidos nucleicos são o ácido ribonucleico (RNA) e o ácido desoxirribonucleico (DNA).

2.4 Vitaminas

As vitaminas, substâncias orgânicas biologicamente ativas, são necessárias ao organismo humano em pequenas quantidades e não são produzidas por ele. Depois de ingeridas, são absorvidas pelo intestino delgado e distribuídas pelo sangue aos demais sistemas orgânicos. O que o organismo não for capaz de absorver será eliminado com as fezes e a urina.

A falta de vitaminas no organismo é conhecida como hipovitaminose e pode ocasionar distúrbios como doenças de pele e queda de cabelos. O excesso de vitaminas, conhecido como hipervitaminose, também pode provocar queda de cabelos, ressecamento cutâneo, entre outros problemas. O dano provocado pela falta ou pelo excesso de vitaminas depende do tipo de vitamina em questão.

A falta completa de uma ou mais vitaminas no organismo é chamada de avitaminose. A pele é o órgão mais sensível à falta de vitaminas no corpo humano.

Nos cosméticos, as vitaminas são utilizadas principalmente como antioxidantes e estimulantes da proliferação celular. Durante muito tempo, discutiu-se a eficácia do uso das vitaminas em aplicações tópicas; atualmente, existe o consenso de que o uso das vitaminas em formulações cosméticas aumenta a sua concentração local, mostrando resultados imediatos e eficazes (GOMES; DAMAZIO, 2009).

As vitaminas são classificadas em hidrossolúveis (B, C e P) e lipossolúveis (A, D, E, F e K).

2.4.1 Vitaminas hidrossolúveis

A vitamina B representa um complexo vitamínico conhecido como complexo B. As vitaminas desse complexo atuam no tratamento de dermatites seborreicas e descamativas, no metabolismo proteico, na regeneração de células sanguíneas, na prevenção da anemia e na proteção do sistema nervoso.

» Vitamina B_1: conhecida como tiamina, é a vitamina do cérebro, pois atua na proteção do sistema nervoso central.

» Vitamina B_2: também chamada de riboflavina ou lactoflavina, tem ação antirradicais livres e regeneradora de mucosas, pele, unhas e cabelos. Sua carência no organismo pode provocar dermatites e descamações labiais. Nas formulações cosméticas, é muito empregada em produtos aceleradores de bronzeamento, em razão de sua coloração amarelada e fácil absorção.

» Vitamina B_3: encontrada em alimentos de origem vegetal, na forma de ácido nicotínico, e em alimentos de origem animal, na forma de nicotinamida, é conhecida como niacina, tem ação anti-inflamatória e antioxidante, agindo como regeneradora da pele, das unhas e dos cabelos.

» Vitamina B_5: denominada ácido pantotênico, é encontrada em todas as células animais e vegetais, participando da formação dos tecidos. Possui ação bactericida e fungicida, atua na cicatrização da pele, previne e trata alergias e dermatites, conserva a umidade natural da epiderme e auxilia na redução do eritema solar. Na forma alcoólica, é conhecida como pantenol, exercendo ação protetora na pele e nos cabelos.

» Vitamina B_6: conhecida como piridoxina, é responsável pela elasticidade do colágeno e sua deficiência pode causar dermatites e interrupção do crescimento. Atua no sistema imunológico e na prevenção do envelhecimento celular.

» Vitamina B_7: conhecida como biotina, participa da formação dos tecidos, incluindo a pele. A biotina atua na epiderme, favorecendo a penetração das vitaminas do complexo B. Na pele, auxilia no processo de cicatrização e no tratamento de dermatites. Nos cabelos, previne a queda e o embranquecimento dos fios.

» Vitamina B_9: ácido fólico. Participa da síntese de aminoácidos e do metabolismo celular. Atua na formação do DNA e do RNA e na formação das hemácias. Na pele, tem ação regeneradora; nos cabelos, previne o embranquecimento.

» Vitamina B_{12}: conhecida como cobalamina e cianocobalamina, pois contém um átomo de cobalto. Atua nos sistemas nervoso, digestório e sanguíneo. Juntamente com a vitamina B_9 (ácido fólico), participa da formação do DNA, do RNA, das hemácias e das células dos sistemas digestório e nervoso. A vitamina B_{12} é a vitamina do sangue, muito utilizada no tratamento de processos anêmicos. Na pele, previne doenças e o envelhecimento precoce.

A vitamina C, conhecida como ácido ascórbico, é um potente antioxidante, além de ser indispensável para a formação de colágeno. Atua no sistema imunológico, aumentando as defesas do organismo e prevenindo doenças degenerativas e câncer. Atua no processo de cicatrização dos tecidos e favorece a circulação e a oxigenação das células, prevenindo coágulos. Na pele, a vitamina C tem efeito clareador, regenerador celular e antirradicais livres. Portanto, é largamente utilizada na indústria cosmética em formulações anti-idade, clareadoras e em produtos hidratantes, nutritivos e regeneradores para a pele.

A vitamina P, também conhecida como rutina ou citrina, é a vitamina da permeabilidade. É capaz de aumentar a absorção da vitamina C no organismo, melhorando a imunidade e combatendo os radicais livres. Além disso, possui ação antibiótica, anti-inflamatória, anti-hemorrágica e protetora dos vasos sanguíneos.

2.4.2 Vitaminas lipossolúveis

A vitamina A, conhecida como retinol, é considerada a vitamina da pele por participar do processo de regeneração celular. Existem ainda os carotenos que são pró-vitamina A, ou seja, são compostos que, dentro do organismo humano, se transformam em vitamina A. Na cosmetologia, a vitamina A é importante tanto em produtos para o tratamento de pele acneica quanto em produtos com ação antienvelhecimento, em virtude das suas propriedades hidratantes, anti-inflamatórias, queratolíticas e de renovação celular.

O ácido retinoico ou tretinoína é a forma ácida da vitamina A. Também apresenta efeitos anti-inflamatórios, queratolíticos e de renovação celular, mas seu uso não é permitido em cosméticos. Existe, ainda, a isotretinoína, um derivado da vitamina A, presente em alguns medicamentos para acne severa, por tratamento via oral e/ou tópica. Esses medicamentos devem ser prescritos por um médico e seu uso deve ser acompanhado por ele, uma vez que podem desencadear sérias reações adversas no organismo, além de terem efeito teratogênico, ou seja, podem causar malformação fetal em caso de gestação durante sua utilização ou em período de permanência da substância no organismo.

A vitamina D, também conhecida como calciferol, é produzida ou fixada no organismo humano por meio da radiação ultravioleta. Age, principalmente, como um hormônio que mantém o teor de cálcio e fósforo no organismo; logo, é importante para o crescimento e formação dos ossos. Está relacionada, ainda, à utilização correta de energia, ao crescimento celular, ao funcionamento correto dos nervos e músculos. Na pele, a vitamina D tem ação regeneradora e cicatrizante, sendo associada às vitaminas A, C e E.

A vitamina E, que pode ser chamada de tocoferol, tem ação antioxidante no organismo, sendo, por isso, empregada em larga escala na indústria cosmética nos produtos antienvelhecimento. Também é conhecida como "vitamina da fertilidade", em decorrência de sua ação protetora das glândulas sexuais.

A vitamina F pertence ao grupo dos ácidos graxos essenciais. O ácido linoleico é a vitamina F encontrada nos alimentos de origem vegetal, o ácido linolênico é a vitamina F encontrada nos óleos vegetais e o ácido araquidônico é a vitamina F encontrada nos alimentos de origem animal. São considerados essenciais por não serem sintetizados no organismo. Sua aquisição se dá por dieta ou via tópica. Além de apresentarem ação restauradora da membrana celular e anti-inflamatória, eles aumentam a coesão entre as células, o que impede a perda de água pela pele e sua desidratação, além de incrementarem a função de barreira da epiderme. O óleo de rosa mosqueta é uma substância rica em vitamina F; por isso, tem ação cicatrizante e regeneradora da epiderme.

A vitamina K pode ser reconhecida com os nomes menaquinona, quando de origem animal; filoquinona, quando de origem vegetal; e menadiona, quando de origem sintética. Tem ação protetora nos vasos sanguíneos, prevenindo as doenças causadas pelas gorduras saturadas. Tem forte ação anti-hemorrágica, sendo conhecida como a vitamina da coagulação. Embora já tenha sido bastante empregada na indústria cosmética em formulações para atenuação de olheiras, atualmente o seu uso em produtos cosméticos está proibido pela Anvisa.

Tabela 2.3 - Vitaminas e fontes de obtenção por meio dos alimentos

Vitamina	Fonte
A	Apenas alimentos de origem animal como peixes, leite e ovos
B_1	Carnes, leguminosas, gérmen de trigo, nozes, castanhas e levedo de cerveja
B_2	Carnes, leite, leguminosas, gérmen de trigo, nozes, castanhas e levedo de cerveja
B_3	Carnes magras como frangos e peixes, frutas secas, arroz integral, cereais e levedo de cerveja
B_5	Encontrada em todas as células animais e vegetais. Pode-se destacar carne bovina, frango, leite e derivados, abacate, batata-doce, gema de ovo e lentilha
B_6	Leite, ovos, carnes, leguminosas, cereais, frutas secas e levedo de cerveja
B_7	Carnes vermelhas, peixes, leite, ovos, cereais, frutas secas e levedo de cerveja
B_9	Vegetais como brócolis e couve, leguminosas, cereais, gérmen de trigo, frutas secas, levedo de cerveja e fígado
B_{12}	Carnes vermelhas, peixes, leite e ovos
C	Frutas cítricas, folhas verdes, cebola, brócolis, repolho, batata e algumas flores, como a rosa
D	Óleos de fígado de peixe, peixes gordurosos como salmão, pequenos teores na gema do ovo e no leite
E	Verduras, ovos, amendoim, arroz integral e óleos de origem vegetal (milho, girassol, óleo de soja e azeite de oliva)
F	Origem vegetal: ácido linoleico, óleos vegetais: ácido linolênico e origem animal: ácido araquidônico
K	Carnes, principalmente fígado, e vegetais, principalmente espinafre e repolho
P	Casca de frutas cítricas, pimentão (principalmente o vermelho e o amarelo) e rosas

2.5 Minerais

Se as vitaminas são compostos necessários em pequenas quantidades ao organismo, os minerais, por sua vez, são requeridos em quantidades ainda menores. O organismo humano não sintetiza minerais; portanto, eles devem ser adquiridos por meio da alimentação.

Os minerais classificam-se em macroelementos e microelementos. Os macroelementos são aqueles encontrados em maiores quantidades no organismo, como cálcio, cloro, enxofre, fósforo, magnésio, potássio e sódio. Os microelementos, também conhecidos como *oligoelementos*, são encontrados em quantidades muito pequenas (do grego *oligo* = pouco). Os principais oligoelementos são cobalto, cobre, cromo, estanho, ferro, flúor, iodo, manganês, molibdênio, níquel, selênio, silício, vanádio e zinco. Em tratamentos estéticos, os *oligoelementos* são muito utilizados em máscaras (microelementos contidos em argilas e algas, por exemplo), cremes e loções antienvelhecimento. Grandes fontes de *oligoelementos* são o plâncton marinho e algas como *Laminaria digitata*, as rodofíceas, *Corallina officinalis*, *Chondrus crispus*.

A Tabela 2.4 apresenta alguns minerais que participam dos processos vitais do organismo e possuem relação direta com as funções da pele.

Tabela 2.4 - Minerais e suas principais relações com a pele

Mineral	Relação com a pele
Cálcio	Melhora a permeabilidade cutânea. Utilizado principalmente na forma de máscaras e soluções ionizantes
Cloro	Sua deficiência pode causar queda de cabelos e dentes
Cobre	Atua na síntese de colágeno e dos pigmentos que dão cor e proteção à pele e aos cabelos
Enxofre	Auxilia a saúde da pele, dos cabelos e das unhas. Participa da formação da estrutura dos cabelos
Estanho	Necessário em quantidades muito pequenas. Previne contra alopecia
Ferro	O ferro atua no metabolismo das vitaminas do complexo B, favorece o sistema nervoso central, melhora a resistência do organismo e contribui com a sua oxigenação
Fósforo	Atua na regeneração tecidual
Iodo	Essencial à formação dos hormônios da tireoide, favorece a saúde da pele, dos cabelos e das unhas
Magnésio	Essencial para a formação de colágeno
Manganês	Substância constituinte do fator natural de hidratação (NMF)
Potássio	Auxilia no processo de cicatrização e hidratação da pele
Selênio	Ação antioxidante. Atua na preservação do colágeno e melhora a elasticidade dos tecidos. Muito utilizado nos tratamentos para ptiríase (caspa)
Silício	Fundamental na produção de colágeno, pois estimula a síntese proteica. Tem importante papel na formação de unhas, cabelos e da própria pele. Entre outras consequências, a falta de silício leva à formação de feridas na pele e à queda e embranquecimento precoce de cabelos
Zinco	Participa da síntese de colágeno e é essencial para o metabolismo da vitamina A. Cicatrizante, seborregulador e anti-inflamatório

Exercício resolvido

Muitos usuários consideram os cosméticos com *oligoelementos* cosméticos naturais, como a "água termal". No entanto, por conta da dificuldade de extração dessa água dos subsolos e do rígido controle de qualidade exigido, uma grande parte de empresas está formulando um complexo de *oligoelementos* como substituta da água termal.

Considerando uma água termal que contém manganês e potássio e outra que contém magnésio, selênio e silício, qual delas é mais indicada para o tratamento de peles maduras?

Solução

Embora o manganês e o potássio sejam ótimos ativos que contribuirão com a melhora da hidratação cutânea, a água termal contendo magnésio, selênio e silício é mais indicada para peles maduras em virtude de sua influência na formação do colágeno e de sua ação antioxidante.

Vamos recapitular?

Neste capítulo, foi possível compreender que a cosmetologia não é uma ciência isolada; pelo contrário, é baseada em substâncias que, em muitos casos, foram descobertas e são estudadas em ciências como a química e a bioquímica.

Com os breves conceitos apresentados, foi possível diferenciar átomos, moléculas e íons, além de ácidos, bases, sais, óxidos e hidretos. Com a bioquímica, tornou-se mais clara a variedade de aminoácidos, proteínas, vitaminas e minerais existentes e suas relações com a estética.

No próximo capítulo, discutiremos a legislação dos cosméticos. Será possível compreender qual a real definição desses produtos, visto que cada vez mais substâncias são adicionadas à sua formulação.

Agora é com você!

1) Faça um estudo de alguns íons empregados na cosmetologia e elabore um protocolo de tratamento estético utilizando-os. Após a pesquisa dos íons, peça auxílio ao seu professor para a elaboração desse protocolo.

2) Ao contrário dos aminoácidos, as proteínas possuem dificuldade de entrada na pele. Qual o motivo dessa diferença?

3) As vitaminas A, C e E são utilizadas na cosmetologia há muitos anos, embora suas ações já tenham sido contestadas. Com base nas ações das vitaminas citadas, explique qual delas é mais indicada para um cosmético de ação preventiva e para um cosmético de ação reparadora de peles maduras.

4) Após fazer uma pesquisa com três diferentes marcas que fabricam água termal, forneça as seguintes informações para cada uma, seguindo o exemplo:

» Marca: "marca exemplo";

» Oligoelementos utilizados: potássio e zinco;

» Indicação: peles lipídicas e acneicas.

3

Legislação para Cosméticos

Para começar

Os cosméticos serão uma ferramenta para os profissionais da área da estética; logo, é necessário um conhecimento básico sobre a legislação nacional para esses produtos. Este capítulo apresenta, de forma simples, a definição de cosmético segundo a Anvisa e as diferentes formas de classificação desses produtos.

3.1 Legislação segundo a Anvisa

O Capítulo 1 apresentou um breve histórico da cosmetologia, no qual foi possível verificar que o termo cosmético era utilizado de forma geral, sem uma legislação específica. A palavra *cosméticos* veio da palavra de origem grega *kosmetikós*, que se refere a enfeite, adorno. Foi criada no século XVI a partir da raiz *kosmos*, que significa ordem (PEYREFITTE; MARTIN; CHIVOT, 1998).

Com o crescimento desse setor cosmetológico e com uma linha cada vez mais estreita entre o cosmético e uma droga (visto que os cosméticos atuais tendem a ações farmacológicas em camadas profundas da pele), fez-se necessária uma definição que contemplasse esses produtos. Portanto, segundo Resolução da Diretoria Colegiada (RDC) 79, de 28 de agosto de 2000 e RDG211, de 14 de julho de 2005, a Anvisa definiu os cosméticos da seguinte forma:

> Cosméticos, produtos de higiene e perfumes são preparações constituídas por substâncias naturais ou sintéticas, de uso externo nas diversas partes do corpo humano - pele, sistema capilar, unhas, lábios, órgãos genitais externos, dentes e membra-

nas mucosas da cavidade oral – com o objetivo exclusivo ou principal de limpá-los, perfumá-los, alterar sua aparência e/ou corrigir odores corporais e/ou protegê-los e mantê-los em bom estado.

Nota-se que a definição é clara quanto ao local de aplicação dos produtos cosméticos, ou seja, a parte externa. Portanto, vale relembrar que os nutricosméticos e aliméticos não se enquadram como cosméticos, visto que são ingeridos por via oral. Outro ponto a destacar refere-se à composição dos cosméticos. Observe que, na definição, diz-se "por substâncias naturais ou sintéticas", mas não se especifica quais são essas substâncias. Isso se deve à infinidade de substâncias existentes; logo, não seria possível citá-las em uma definição. No entanto, as substâncias proibidas ou restritas encontram-se nos anexos da RDC 79, além de resoluções como a RDC 161, de 11 de setembro de 2001 (ou RDC 47/06), que contém a lista de filtros ultravioletas permitidos, e a RDC 162, de 11 de setembro de 2001, que contém as substâncias permitidas com ação conservante.

Além das questões quanto às substâncias utilizadas, outra preocupação da Anvisa refere-se à rotulagem. A agência permite o uso de embalagem primária (aquela que fica em contato direto com o produto) e de embalagem secundária (aquela que poderá conter a embalagem primária), como mostra a Figura 3.1.

Figura 3.1 - O frasco do perfume representa a embalagem primária, enquanto a lata que conterá o frasco representa a embalagem secundária.

A embalagem secundária não é obrigatória, cabendo ao fabricante optar ou não pelo seu uso. No entanto, a Anvisa padronizou o local das informações; quando não houver embalagem secundária, todas as informações obrigatórias devem estar na primária.

Tabela 3.1 - Normas de rotulagem obrigatória

Informação	Embalagem	
	Primária	Secundária
Nome do produto (marca e grupo)	X	X
Modo de uso	X	X
Advertências/restrições de uso	X	X
Lote	X	
Número do registro		X
Prazo de validade		X
Conteúdo		X
País de origem		X
Informação do fabricante/importador		X
Rotulagem específica		X
Composição (INCI name)		X

A Anvisa permite, ainda, o uso de folhetos anexos para descrever modo de uso, restrições e advertências. Entretanto, solicita a informação "ver folheto interno" nas embalagens primárias.

Além das informações obrigatórias citadas na Tabela 3.1, são comuns alguns termos que também podem assegurar o usuário quanto à escolha do produto ou ao menos informá-lo sobre algumas de suas características. Logo, é importante que o leitor tenha conhecimento sobre eles.

» Produto infantil: destinado ao consumidor infantil, pode ser utilizado na pele, cabelos e mucosas infantis.

» Produto para pele sensível: pode ser utilizado em pessoas com esse subtipo de pele.

» Hipoalergênico: produto com baixa possibilidade de provocar reações alérgicas. Esse termo não é recomendado pela *Food and Drug Administration* (FDA), visto que os cosméticos em geral não devem ter potencial sensibilizante (GOMES; DAMAZIO, 2009).

» Alergênico: produto que não provoca reações alérgicas.

» Clinicamente testado: produto testado em humanos para verificar o potencial de reações. Esse teste ocorre sob o controle de dermatologistas e, eventualmente, outro especialista.

» Dermatologicamente testado: produto testado, sob o controle de dermatologistas, em humanos para verificar potencial de reações cutâneas.

» Oftalmologicamente testado: produto testado, sob o controle de oftalmologistas, em humanos para verificar o potencial de reações oftálmicas.

» Não comedogênico: produto que não favorece a formação de comedões. Testado em humanos.

» Não acnegênico: produto que não apresenta potencial para agravar ou formar pápulas, pústulas ou outras lesões acneicas. Testado em humanos.

Legislação para Cosméticos

Quanto à composição química em *International Nomenclature of Cosmetic Ingredient* (INCI), é importante que o leitor saiba que tal nomenclatura visa facilitar a identificação da substância química em qualquer lugar do mundo, independentemente do idioma, dos caracteres e do alfabeto utilizado. Para isso, utiliza-se uma padronização dos nomes dos ingredientes utilizados em produtos cosméticos, visto que existem mais de 12 mil substâncias utilizadas na cosmetologia que, além do nome químico, muitas vezes possuem mais de um nome comercial.

Diante dos diversos assuntos abordados pela Anvisa, a Tabela 3.2 traz a RDC e seus respectivos assuntos para orientar o estudante e o profissional que necessitam do conhecimento sobre a legislação dos cosméticos.

Tabela 3.2 - Lista de referências legais para consulta à legislação dos cosméticos

Resolução	Assunto
RDC 211/05	Definição, classificação, requisitos técnicos específicos e rotulagem
RDC 343/05	Procedimento para notificação de produtos cosméticos
RDC 215/05	Lista restritiva
RDC 47/06	Lista de filtros UV
RDC 162/01	Lista de conservantes
Resolução 79/00 (anexo III) e 44/12	Lista de corantes
RDC 48/06	Lista de substâncias proibidas
Resolução 481/99	Parâmetros microbiológicos
RDC 237/02	Protetores solares
RDC 38/01	Produtos infantis
RDC 250/04	Revalidação de registro
RDC 204/05	Procedimentos de petições
Lei 6.360/76 e Decreto 79.094/77	Registro de produtos e autorização de funcionamento de empresas

Amplie seus conhecimentos

A Anvisa é uma autarquia sob regime especial, criada no dia 26 de janeiro de 1999, pela Lei nº 9.782. Essa agência é responsável por todos os setores relacionados a serviços e produtos que possam afetar a saúde da população brasileira; por isso, está vinculada ao Ministério da Saúde e ao Sistema Único de Saúde (SUS).

Os setores pelos quais a Anvisa é responsável vão além do setor dos cosméticos, visto que ela também fiscaliza alimentos, medicamentos, insumos farmacêuticos, produtos para a saúde, saneantes, agrotóxicos, além de materiais como sangue, tecidos e órgãos. A agência é responsável por coordenar ações na área da toxicologia, coordenar ações de vigilância sanitária realizadas por laboratórios de controle de qualidade em saúde, garantir o controle sanitário de portos, aeroportos e fronteiras, entre outras atividades.

Para os cosméticos, essa autarquia é a responsável direta pela fiscalização, desde as matérias-primas permitidas e proibidas nas formulações, normas de rotulagem obrigatória e específica, até a regularização de empresas e produtos. Essa lei define a cooperativa como uma sociedade mercantil sem objetivo de lucro e lista todos os princípios do cooperativismo. Desta forma, o sistema de cooperativismo no Brasil.

3.2 Classificações dos produtos cosméticos

Os cosméticos foram classificados pela Anvisa de acordo com a classe a que pertencem, com a função básica do produto, com o risco sanitário e com a forma de apresentação.

3.2.1 Classe de produtos

Segundo os artigos 49 e 50 do Decreto nº 79.094/77, os produtos cosméticos foram organizados em *produto de higiene*, quando a finalidade principal é higienizar; *produto de uso infantil*, quando se destina ao público infantil; *perfume*, quando a finalidade geral é perfumar; e *cosmético*, para as demais finalidades gerais que excluem a higienização, o ato de perfumar e não são destinadas a um público infantil.

3.2.2 Função

Considerando-se sua função principal, um produto também pode receber outra classificação. Assim, um produto pode higienizar, conservar/proteger, reparar/corrigir e maquilar/enfeitar.

Com base nessa classificação, surgiram os produtos multifuncionais no século XX: um mesmo produto cosmético pode ter mais de uma função principal. Atualmente, é comum uma maquiagem, como um *BB cream*, uniformizar o tom da pele, por meio de pigmento de maquiagem, e ao mesmo tempo ter a capacidade de proteção solar, de hidratação e até mesmo de reparação de algum dano provocado pelo envelhecimento. Da mesma forma, um higienizante, ao mesmo tempo em que higieniza a pele, pode ter efeito antioxidante e protetor.

3.2.3 Risco sanitário

Essa classificação indica o grau do risco que um produto pode oferecer ao usuário, quando utilizado de forma incorreta. Entende-se por forma incorreta, por motivos propositais ou não, deixar um xampu entrar em contato com os olhos, ingerir um perfume, deixar um alisante capilar entrar em contato com a pele, introduzir um sabonete no genital interno, entre outros exemplos.

Com base nas consequências que esse produto pode ocasionar ao usuário, ou seja, de acordo com a formulação, o usuário, o local de aplicação, o tempo de contato do produto com o local de aplicação e os cuidados necessários durante o uso do produto, a Anvisa organizou os produtos em graus 1 e 2.

O grau 1 indica risco mínimo. São desse grau os produtos com propriedades básicas, sem necessidade de comprovação de eficácia e que não precisam conter em seus rótulos informações detalhadas quanto ao modo e restrições de uso. Exemplos de cosméticos com grau de risco 1 são sabonetes, xampus, cremes hidratantes, óleos, perfumes e maquiagens sem proteção solar e sem ações específicas, como efeito antisséptico, antiacne e antienvelhecimento.

Já o grau 2 indica risco máximo ou potencial. Pertencem a esse grau os produtos com indicações específicas, eficácia e segurança comprovada. O rótulo deve conter informações mais detalhadas quanto a modo e restrições de uso. Exemplos de cosméticos com esse grau de risco são xampus tonalizantes, xampus anticaspa, protetores solares, desodorantes antiperspirantes, esfoliantes químicos, tinturas capilares, clareadores faciais, cosméticos antienvelhecimento e produtos infantis.

A maioria dos estudantes se surpreende com o fato de os produtos infantis estarem classificados como produtos de grau de risco 2. No entanto, não se deve esquecer que um dos fatores utilizados para essa classificação é o usuário do produto. No caso do produto infantil, seus usuários, além de mais sensíveis, tendem a utilizá-lo de forma adversa. Por isso, esses produtos são considerados de risco máximo. Dessa forma, a Anvisa exige registros, testes e indicações mais específicas, priorizando a saúde das crianças.

Para facilitar o estudo, a Tabela 3.3 relaciona os produtos e seu respectivo grau de risco.

Tabela 3.3 - Lista com produtos e seu respectivo grau de risco, segundo Anexo II-RDC 211/05 (Anvisa)

Grau 1	Grau 2
– Água de colônia, água perfumada, perfume e extrato aromático	– Água oxigenada 10 a 40 volumes (incluídas as cremosas, exceto produtos de uso medicinal)
– Amolecedor de cutícula (não cáustico)	– Antitranspirante axilar
– Aromatizante bucal	– Antitranspirante pédico
– Base facial/corporal (sem finalidade fotoprotetora)	– Ativador/acelerador de bronzeamento
– Batom labial e brilho labial (sem finalidade fotoprotetora)	– Batom labial e brilho labial infantil
– *Blush/rouge* (sem finalidade fotoprotetora)	– Bloqueador solar/antissolar
– Condicionador/creme rinse/enxaguatório capilar (exceto aqueles com ação antiqueda, anticaspa e/ou outros benefícios específicos que justifiquem comprovação prévia)	– *Blush/rouge* infantil
	– Bronzeador
– Corretivo facial (sem finalidade fotoprotetora)	– Bronzeador simulatório
– Creme, loção e gel para o rosto (sem ação fotoprotetora da pele e com finalidade exclusiva de hidratação)	– Clareador da pele
– Creme, loção, gel e óleo esfoliante (*peeling*) mecânico, corporal e/ou facial	– Clareador químico para as unhas
	– Clareador para cabelos e pelos do corpo
– Creme, loção, gel e óleo para as mãos (sem ação fotoprotetora, sem indicação de ação protetora individual para o trabalho, como equipamento de proteção individual - EPI - e com finalidade exclusiva de hidratação e/ou refrescância)	– Colônia infantil
	– Condicionador anticaspa/antiqueda
	– Condicionador infantil
– Creme, loção, gel e óleos para as pernas (com finalidade exclusiva de hidratação e/ou refrescância)	– Dentifrício anticárie
– Creme, loção, gel e óleo para limpeza facial (exceto para pele acneica)	– Dentifrício antiplaca
	– Dentifrício antitártaro
– Creme, loção, gel e óleo para o corpo (exceto aqueles com finalidade específica de ação antiestrias ou anticelulite, sem ação fotoprotetora da pele e com finalidade exclusiva de hidratação e/ou refrescância)	– Dentifrício clareador/clareador dental químico
	– Dentifrício para dentes sensíveis
	– Dentifrício infantil
– Creme, loção, gel e óleo para os pés (com finalidade exclusiva de hidratação e/ou refrescância)	– Depilatório químico
– Delineador para lábios, olhos e sobrancelhas	– Descolorante capilar
– Demaquilante	– Desodorante antitranspirante axilar
– Dentifrício (exceto aqueles com flúor, com ação antiplaca, anticárie, antitártaro, com indicação para dentes sensíveis e os clareadores químicos)	– Desodorante antitranspirante pédico
	– Desodorante de uso íntimo
– Depilatório mecânico/epilatório	– Enxaguatório bucal antiplaca
– Desodorante axilar (exceto aqueles com ação antitranspirante)	– Enxaguatório bucal antisséptico
– Desodorante colônia	– Enxaguatório bucal infantil
– Desodorante corporal (exceto desodorante íntimo)	– Enxaguatório capilar anticaspa/antiqueda
– Desodorante pédico (exceto aqueles com ação antitranspirante)	– Enxaguatório capilar infantil
– Enxaguatório bucal aromatizante (exceto aqueles com flúor, ação antisséptica e antiplaca)	– Enxaguatório capilar colorante/tonalizante

40   Cosmetologia Aplicada

Grau 1	Grau 2
– Esmalte, verniz, brilho para unhas	– Esfoliante *peeling* químico
– Fitas para remoção mecânica de impurezas da pele	– Esmalte para unhas infantil
– Fortalecedor de unhas	– Fixador de cabelo infantil
– Kajal	– Lenços umedecidos para higiene infantil
– Lápis para lábios, olhos e sobrancelhas	– Maquiagem com fotoprotetor
– Lenço umedecido (exceto aqueles com ação antisséptica e/ou outros benefícios específicos que justifiquem a comprovação prévia)	– Produto de limpeza/higienização infantil
– Loção tônica facial (exceto para pele acneica)	– Produto para alisar e/ou tingir os cabelos
– Máscara para cílios	– Produto para a área dos olhos (exceto aqueles de maquiagem e/ou ação hidratante e/ou demaquilante)
– Máscara corporal (com finalidade exclusiva de limpeza e/ou hidratação)	– Produto para evitar roer unhas
– Máscara facial (exceto para pele acneica, *peeling* químico e/ou outros benefícios específicos que justifiquem a comprovação prévia)	– Produto para ondular os cabelos
– Modelador/fixador para sobrancelhas	– Produto para pele acneica
– Neutralizante para permanente e alisante	– Produto para rugas
– Pó facial (sem finalidade fotoprotetora)	– Produto protetor da pele infantil
– Produtos para banho/imersão: sais, óleos, cápsulas gelatinosas e banho de espuma	– Protetor labial com fotoprotetor
– Produtos para barbear (exceto aqueles com ação antisséptica)	– Protetor solar
– Produtos para fixar, modelar e/ou embelezar os cabelos: fixadores, laquês, reparadores de pontas, óleo capilar, brilhantinas, *mousses*, cremes e géis para modelar e assentar os cabelos, restaurador capilar, máscara capilar e umidificador capilar	– Protetor solar infantil
– Produtos para pré-barbear (exceto aqueles com ação antisséptica)	– Removedor de cutícula
– Produtos pós-barbear (exceto aqueles com ação antisséptica)	– Removedor de mancha de nicotina químico
– Protetor labial sem fotoprotetor	– Repelente de insetos
– Removedor de esmalte	– Sabonete antisséptico
– Sabonete abrasivo/esfoliante mecânico (exceto aqueles com ação antisséptica ou esfoliante químico)	– Sabonete infantil
– Sabonete facial e/ou corporal (exceto aqueles com ação antisséptica ou esfoliante químico)	– Sabonete de uso íntimo
– Sabonete desodorante (exceto aqueles com ação antisséptica)	– Talco/amido infantil
– Secante de esmalte	– Talco/pó antisséptico
– Sombra para as pálpebras	– Tintura capilar temporária/progressiva/permanente
– Talco/pó (exceto aqueles com ação antisséptica)	– Tônico/loção capilar
– Xampu (exceto aqueles com ação antiqueda, anticaspa e/ou outros benefícios específicos que justifiquem a comprovação prévia)	– Xampu anticaspa/antiqueda
– Xampu condicionador (exceto aqueles com ação antiqueda, anticaspa e/ou outros benefícios específicos que justifiquem comprovação prévia)	– Xampu colorante
	– Xampu condicionador anticaspa/antiqueda
	– Xampu condicionador infantil
	– Xampu infantil

Fique de olho!

Segundo a Anvisa, todos os cosméticos devem ser seguros em suas condições normais de uso. Para garantir essa segurança, o objetivo dos testes realizados envolve ausência de irritação, sensibilização, fotoalergia e fototoxidade. Já a comprovação de eficácia é necessária apenas para os produtos de grau 2. Os testes exigidos para a comprovação de eficácia dependem da finalidade do produto e das menções nos rótulos. Os mais comuns são: "indicação de FPS" (fator de proteção solar), "dermatologicamente testado", "hipoalergênico", "não comedogênico", "para pele sensível", além de menções quanto a rugas, celulite, estrias, firmeza de pele e ação antisséptica.

3.2.4 Forma física dos cosméticos

Esta classificação baseia-se na apresentação final dos produtos. A forma de apresentação (forma física) é escolhida de acordo com a forma de utilização do cosmético, visando praticidade, higiene, custos de fabricação (considerando matérias-primas e embalagem) e tipos e/ou subtipos de pele e cabelos, por exemplo. As formas cosméticas mais utilizadas são sólida, semissólida, líquida, gasosa, *stick*, gel, sérum, suspensão e emulsão.

A forma sólida pode ser vista nos cosméticos em pó (talcos, máscaras argilosas, maquiagens) e cristais de banho. A semissólida é uma forma muito consistente, em geral com altos teores de cera. É a forma de batons, sombras cremosas, máscaras com elevada viscosidade e pomadas capilares. Os cosméticos no estado líquido podem ser resultantes do uso de veículos como água, álcool, propilenoglicol e/ou óleo. Loções aquosas (como loção tônica sem óleo), loções hidroalcoólicas (como loção de limpeza com álcool) e líquidos oleosos (como óleo de banho) são exemplos de cosméticos com forma de apresentação líquida.

A forma gasosa pode ser representada pelo cosmético em aerossol. Consiste na dispersão de um líquido e/ou sólido em um gás (propelente). A propulsão é feita através da embalagem (envase sob pressão) e do gás propelente liquefeito.

A forma *stick* abrange os cosméticos em bastão, como desodorantes, batons e lapiseiras de maquiagem. Em geral, o *stick* é formulado com álcool etílico, substâncias graxas e estearato de sódio para a solidificação.

O cosmético de forma viscosa, mucilaginosa, que, ao secar, deixa uma película invisível sobre a pele, é conhecido como gel. Essa forma física é obtida por meio da hidratação de uma substância insolúvel em água, mas sujeita ao entumescimento. Portanto, é formada pela mistura do agente geleificante (fase dispersa sólida) com um veículo líquido, geralmente a água (fase dispersora líquida). Os géis são isentos de substâncias graxas e podem ser obtidos a partir de diferentes matérias-primas, como derivados de celulose, resinas, polímeros e até mesmo de algas naturais, como mostra a Tabela 3.4.

Sérum é uma forma cosmética em soro, com textura leve e concentração de princípios ativos geralmente maior que os cosméticos habituais. Possui grande teor de água e uma pequeníssima quantidade de óleo, o que facilita a entrada do produto na pele e melhora a sua espalhabilidade. Apresenta, ainda, efeito sinérgico com outros cosméticos de tratamento.

A forma de apresentação em suspensão é uma mistura heterogênea que consiste em uma fase interna com partículas sólidas insolúveis na fase externa. Em geral, o veículo da fase externa é a água; logo, as partículas da fase interna devem ser insolúveis em água. Os cosméticos com aspecto perolizado e os esfoliantes físicos são suspensões cosméticas.

Tabela 3.4 - Exemplos de agentes geleificantes

Tipo de agente geleificante	Matéria-prima
Naturais	Ágar e alginatos (obtidos de algas) Bentonita (silicato de alumínio)
Derivados de celulose	Carboximetilcelulose (CMC) Natrozol (HEC)
Poliméricos	Merquat (poliquaternário) Polivinilpirrolidona (PVP) Álcool polivinílico (PVA) *Veegun* (silicato de magnésio e alumínio)
Resinas	Carbopol

Fique de olho!

A mistura heterogênea é constituída por substâncias imiscíveis, sendo possível distinguir os componentes, como no caso citado do esfoliante físico. Nesse produto, vê-se claramente um dos componentes - ou, pelo menos, sente-se (imaginando uma situação na qual o agente esfoliante é branco e a base em que ele está envolvido também). Já a mistura homogênea, também chamada de solução, é aquela em que os componentes são miscíveis.

Emulsão é o produto que contém duas fases imiscíveis misturadas graças a um agente emulsionante. A maioria das emulsões cosméticas apresenta uma fase aquosa e uma fase oleosa. As emulsões podem ser classificadas de acordo com a sua viscosidade e quanto ao teor de água e óleo que contêm.

3.2.4.1 Classificação das emulsões quanto à viscosidade (creme, loção, leite e espuma)

» Creme: emulsão consistente (viscosidade média: 5.000 a 10.000 mPa.s).

» Loção: emulsão menos consistente que o creme (viscosidade baixa: 2.000 a 5.000 mPa.s).

» Leite: emulsão fluida (viscosidade abaixo da loção: 1.000 a 2.000 mPa.s).

» Espuma (*mousse*): emulsão bifásica em que a fase interna é o ar (ou outro gás) e a fase externa é um sólido ou líquido.

3.2.4.2 Classificação das emulsões quanto ao teor de água e óleo (A/O, O/A, A/O/A e O/A/O)

» A/O: emulsão água em óleo. Apresenta menor teor de água e maior teor de óleo, resultando em sensorial oleoso e secagem demorada. Forma indicada para produtos de massagem, removedores de maquiagem e cosméticos com função oclusiva.

» O/A: emulsão óleo em água. Apresenta menor teor de óleo e maior teor de água, resultando em secagem rápida e toque seco e suave. Indicada para cosméticos faciais, produtos para mãos e pés, além de corporais (geralmente com ação desodorante).

» A/O/A e O/A/O: emulsões múltiplas (conhecidas como "emulsões de emulsões"). As gotículas de uma das fases contêm gotículas menores da outra fase, ou seja, no sistema A/O/A, a fase interna, que é oleosa, possui gotículas de água em seu interior; já no sistema O/A/O, a fase interna, que é aquosa, possui gotículas de óleo.

Legislação para Cosméticos

> **Fique de olho!**
>
> Nos Capítulos 6 e 8 serão feitas as relações das formas de apresentação dos cosméticos com os tipos de pele.

Vamos recapitular?

O capítulo trouxe ao leitor noções sobre a legislação dos cosméticos, orientando o esteticista quanto a questões comuns, como: o que são cosméticos? Que substâncias poderão estar presentes em uma formulação? Por que determinadas informações não constam do rótulo? Por que a composição está toda em inglês? O que é grau de risco? Qual o grau de risco de determinado produto? Quais os testes exigidos? Qual a diferença entre um cosmético em gel, em creme, em loção ou em sérum?

Enfim, muitas são as dúvidas e curiosidades quando tratamos de cosméticos. O próximo capítulo apresentará uma noção um pouco mais específica sobre esses produtos. É a hora de aprender sobre sua composição química!

Agora é com você!

1) Elabore um modelo de rótulo para a embalagem primária e para a embalagem secundária de um cosmético, utilizando as normas da Anvisa e os dados da Tabela 3.5.

Tabela 3.5 - Informações do rótulo de produto fictício

Nome do produto (marca e grupo)	Marca: Gratíssima Shine Nome/Grupo: Fluido de Brilho de Abacate
Modo de uso	Aplicar algumas gotas na palma da mão e espalhar nos cabelos secos ou úmidos. Sem enxágue
Advertências/restrições de uso	Manter fora do alcance das crianças. Caso o produto entre em contato com os olhos, lave-os abundantemente
Lote	01234-000
Número do registro	343/05
Prazo de validade	07/2016
Conteúdo	1 fluido de brilho de abacate 100 mL
País de origem	Brasil
Informação do fabricante/importador	Fabricante/Distribuidora: GS Cosméticos LTDA R. Brilho do Tiba, 010 – S. Paulo/SP CNPJ 00.000.000/0001-08 Resp. Técnico: Maria Inês A.P.K. Mattos CRQ-SP 04000
Rotulagem específica	***
Composição (INCI name)	Cyclopentasiloxane, Dimethicone, C13-14, Isoparaffin, Fragrance, Perseagratissimaoil, Metilparaben

2) Escolha um produto cosmético de grau 1 e um produto cosmético de grau 2 e forneça as seguintes informações para cada um: nome do produto (marca e grupo), modo de uso, advertências/restrições de uso, lote, número do registro, prazo de validade, conteúdo, país de origem, informação do fabricante/importador, rotulagem específica e composição (INCI name).

4

Componentes Cosméticos

Para começar

A maioria dos interessados por produtos cosméticos tende a observar a composição química nos rótulos dos produtos. Ao se deparar com tantos nomes complexos, muitos desistem de compreender a importância dessas substâncias na formulação. É fato que, para a compreensão de todos os compostos químicos utilizados em cosméticos, deve-se ter anos de estudos tanto na área da química quanto da cosmetologia. No entanto, para a cosmetologia aplicada, apresenta-se uma maneira simples para orientar o profissional quanto aos componentes químicos de forma geral, com ênfase naqueles que mais o interessam.

4.1 Principais componentes

Embora exista uma gama de componentes químicos utilizados em cosméticos, eles podem ser organizados, de forma geral, em quatro grupos: ativos, aditivos, produtos de correção (ou ajustamento) e veículos (ou excipientes). Assim, os produtos cosméticos podem ser formulados com até quatro tipos básicos de matérias-primas.

4.1.1 Princípio ativo

Em qualquer formulação, seja ela cosmética ou medicamentosa, o princípio ativo é a substância que tem efeito mais acentuado ou a substância que confere ao produto a ação final a que se destina. Uma formulação cosmética pode conter mais de um princípio ativo, cada um com sua finalidade principal. Os ativos podem ser naturais ou sintéticos.

Tabela 4.1 - Exemplo de cosmético e seus componentes

Cosmético	Composição química (INCI)	Descrição dos componentes
Sabonete vegetal esfoliante	Sodium Palmate, Sodium Stearate, Sodium Chloride, Sodium Hidroxide, Optical Bleach/Cromalux CX Bdfpigment Blue 15 (C.I. 74.160), Disodium Distyrylbiphenyl Disulfonate (C.I. FB 351), Tetrasodium EDTA, Etidronic Acid, CI 77891, Citric Acid, Cocamidopropyl Betaine, Zea Mays Starch, Butyrospermum Parkii Butter, Camellia Sinensis, Parfum, BHT, Bambusa Arundinacea Stem Powder, Aqua	**ATIVOS:** Zea mays starch, Butyrospermum parkii butter, Camellia sinensis, Bambusa arundinacea stem powder **ADITIVOS:** *Corantes* (Optical Bleach/Cromalux CX Bdfpigment Blue 15 (C.I. 74.160), Disodium Distyrylbiphenyl Disulfonate (C.I. FB 351), CI 77891), *Fragrância* (Parfum) e *Conservante* (Etidronic Acid e BHT) **PRODUTOS DE CORREÇÃO:** Sodium Palmate (tensoativo, emulsionante e solubilizante) Sodium Stearate (tensoativo, emulsionante e espessante) Sodium Chloride (espessante); Sodium Hidroxide (corretor de pH) Tetrasodium EDTA (sequestrante); Etidronic Acid (sequestrante) Citric Acid (corretor de pH); Cocamidopropyl Betaine (tensoativo e espessante) **VEÍCULO:** Aqua

Considerando os ativos naturais, estes podem ser de origem animal, vegetal e mineral, ou até mesmo sintetizados por micro-organismos. No entanto, devem ser extraídos de forma direta da natureza. Os ativos sintéticos são elaborados em laboratório. Alguns desses ativos tentam copiar a ação dos ativos naturais. Muitas vezes, o pesquisador alcança resultados mais eficazes com a molécula sintética que com a natural. Logo, não se pode acreditar que todas as moléculas de origem natural sejam melhores que as sintéticas, visto que, em alguns casos, isso não é verdade, não somente por uma questão de eficácia, mas também por estabilidade, custos e preservação ambiental, por exemplo. Enfim, o formulador deve avaliar cautelosamente qual a melhor escolha quando tiver a opção de utilizar um ativo natural ou sintético.

Tabela 4.2 - Exemplos de ativos naturais e seus respectivos ativos sintéticos

Natural	Sintético	Ação
Ácido hialurônico	Restylane®	Hidratante e preenchedor
Alantoína	Tripeptídeo-1	Regeneradora e cicatrizante
Alfa-bisabolol	Dragosantol®	Calmante
Colágeno	Matrixyl®	Natural: hidratante Sintético: hidratante e firmador
Elastina	Elastin®	Natural: hidratante Sintético: hidrata e melhora a elasticidade
Pó de opala	Opala Powder®	Migração celular
Vitamina C	Vitamina C	Antioxidante
Sementes de damasco	Esferas de polietileno	Esfoliante físico

4.1.1.1 Bioativos

Os biomateriais podem ter determinada bioatividade, de acordo com sua capacidade de participar de reações biológicas específicas. Com base nessa capacidade, os materiais podem ser bioinertes, biorreativos e bioativos. Os bioinertes têm menor possibilidade de reação em virtude da altíssima estabilidade química. Já os biorreativos adquirem bioatividade após ativação da superfície de seu material. Os bioativos apresentam alta capacidade de participar de reações biológicas, portanto são muito úteis para a cosmetologia, pois podem participar de reações como lipólise, lipogênese, melanogênese e reparação tecidual, entre tantas outras, como veremos ao longo deste livro. No entanto, essas reações biológicas devem ser favoráveis ao benefício estético, motivo pelo qual são muito estudadas.

Como esses bioativos possuem considerável ação cosmetológica, pode-se dizer que têm leve ação medicamentosa. Por isso, esses ativos estão presentes nos chamados cosmecêuticos (ou nos dermocosméticos).

4.1.2 Aditivos

São substâncias que complementam a formulação cosmética, contribuindo com o marketing do produto e/ou aumentando seu tempo de vida útil. Como aditivos cosméticos são utilizados:

» **Corantes e pigmentos:** de origem natural ou sintética, produzem sensações visuais ao usuário. Nas formulações, é comum a representação "CI", que significa *color index*. A nomenclatura CI é a forma utilizada para a padronização efetiva das cores, independentemente do local em que elas foram produzidas. Assim, um determinado tom de verde, com seu CI especificado, terá esse mesmo tom em qualquer lugar do mundo.

» **Fragrâncias:** compostas de diversos compostos aromáticos naturais ou sintéticos capazes de impressionar as vias olfativas.

» **Conservantes:** protegem o cosmético de contaminações microbianas e de oxidações indesejáveis, assegurando seu prazo de validade e oferecendo segurança ao usuário. Podem ser classificados em bactericidas, fungicidas ou oxidantes.

Muitas empresas fabricantes ou revendedoras de matérias-primas consideram os *produtos de correção* e os *veículos* como *aditivos*, pois entendem que eles são apenas complementares para a ação do ativo utilizado, não utilizando essa subdivisão para *produtos de correção* nem para *veículos*. No entanto, como têm funções específicas para ajustar a formulação, torna-se mais adequado o uso da classificação *produtos de correção* ou *ajustamento*, assim como, para os *veículos*, também é mais adequada uma classificação independente.

4.1.3 Produtos de correção

São matérias-primas que corrigem ou ajustam alguma característica da formulação cosmética de acordo com os padrões esperados. Considerando suas finalidades, os produtos de correção (ou produtos de ajustamento) são classificados em:

» **Corretor de pH:** corrige o pH da formulação, deixando-o adequado ao uso do produto e seu local de aplicação.

» **Emoliente:** evita ou atenua o ressecamento da pele e dos cabelos. O emoliente é responsável pelo toque final do produto cosmético.

» **Emulsionante:** promove a mistura entre as fases aquosa e oleosa. A molécula do emulsionante possui em sua estrutura grupos com afinidade pela água (hidrofílicos) e grupos com afinidade pelos lipídios (lipofílicos); por isso, realiza a união dessas fases.

» **Espessante ou estabilizante:** impede a mobilidade da fase aquosa, alterando sua viscosidade e auxiliando o emulsionante, impedindo o rompimento da emulsão.

» **Sequestrante ou quelante:** retira os íons indesejáveis da formulação. Essa matéria-prima é capaz de complexar íons metálicos polivalentes, como cálcio e ferro. Os sequestrantes são muito importantes, por exemplo, em formulações de xampus, pois evitam que a presença do íon cálcio dificulte a formação de espuma.

Componentes Cosméticos

» **Solubilizante:** promove a solubilização de uma substância em meio a um dispersante. Muito utilizado para dissolver corantes e conservantes.

» **Umectante:** capaz de reter a água na formulação cosmética, ao mesmo tempo em que mantém a superfície da pele umedecida. Apresenta propriedade higroscópica (absorve a água do meio ambiente).

Amplie seus conhecimentos

Outro produto muito citado em cosméticos é o tensoativo. Essa matéria-prima possui em suas moléculas um agrupamento com características polares (o que a faz ter afinidade por substâncias como a água) e um agrupamento com características apolares (o que a faz ter afinidade com substâncias como os óleos). Por essa razão, modifica a tensão superficial e interfacial de substâncias, garantindo uma série de funções para esses tensoativos. De acordo com a função principal, o tensoativo é classificado como emulsionante, detergente, agente espumante ou antiespumante, agente condicionador, antiestático, bactericida, umectante, emoliente, dispersante, solubilizante, entre outros.

4.1.4 Veículo

O veículo, também chamado de excipiente, constitui a base na qual o produto é formulado, como água, álcool, óleo, propilenoglicol, gel, sérum, suspensão, emulsão ou pó. Pode-se dizer que é o meio utilizado para carrear os demais componentes de um cosmético para a pele.

A entrada dos componentes de um cosmético na pele sempre foi algo muito questionado tanto por profissionais quanto por leigos na área. Após muitos acreditarem que as substâncias não penetram na pele, um grupo de pesquisadores investiu em estudos para conhecer o comportamento da pele e, assim, encontrar meios para minimizar os efeitos de barreira que a pele oferece aos produtos cosméticos. Desta forma, descobriram carreadores específicos, capazes de levar as substâncias cosméticas até a sua camada de atuação. Essas substâncias foram chamadas de *veículos vetoriais*.

Os veículos vetoriais são estruturas que podem levar o princípio ativo hidrossolúvel ou lipossolúvel para dentro da epiderme. Os carreadores usualmente empregados na cosmética são lipossomas, *Thalasphere*®, nanosferas®, ciclodextrinas, fitossomas e silanóis.

4.1.4.1 Lipossomas

Os lipossomas são estruturas uni ou multilamelares com grande afinidade pelos fosfolipídios cutâneos, pois geralmente são constituídas de fosfolipídios (como a fosfatidilcolina com ou sem colesterol), mas também podem ser feitas com éteres de poliglicerol ou ceramidas.

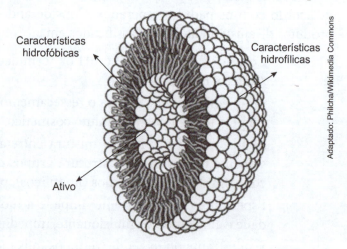

Figura 4.1 - Modelo de seção transversal de lipossoma.

Esses veículos vetoriais podem transportar ativos de diferentes finalidades (extratos vegetais, vitaminas, enzimas, filtros solares, entre outros) (REBELLO, 2004).

Ao se depararem com a membrana da célula, os lipossomas liberam os ativos contidos em seu interior.

4.1.4.2 Thalasphere®

As *Thalasphere*® são macrosferas de colágeno marinho recobertas por uma película de GAGs (carboidrato da classe dos glicosaminoglicanos). Esses lipossomas podem ser degradados pelas enzimas da pele.

4.1.4.3 Nanosferas®

As nanosferas® são esferas poliméricas microporosas de polietileno que possuem elevada estabilidade em formulações com tensoativos. Esses veículos liberam gradualmente os princípios ativos contidos em seu interior.

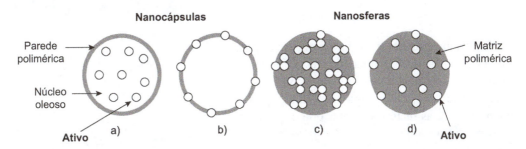

Figura 4.2 - Representação esquemática de nanocápsulas e nanosferas poliméricas: a) ativo dissolvido no núcleo oleoso da nanocápsula; b) ativo adsorvido à parede polimérica da nanocápsula; c) ativo retido na matriz polimérica da nanosfera; d) ativo adsorvido ou disperso molecularmente na matriz polimérica da nanosfera.

4.1.4.4 Ciclodextrinas

As ciclodextrinas (CDs) são carboidratos complexos compostos de unidades de glicose (α-*D*--glicopiranose) unidas por ligações tipo α-1,4, com estrutura semelhante a um tronco de cone (BRITTO; NASCIMENTO; SANTOS, 2004).

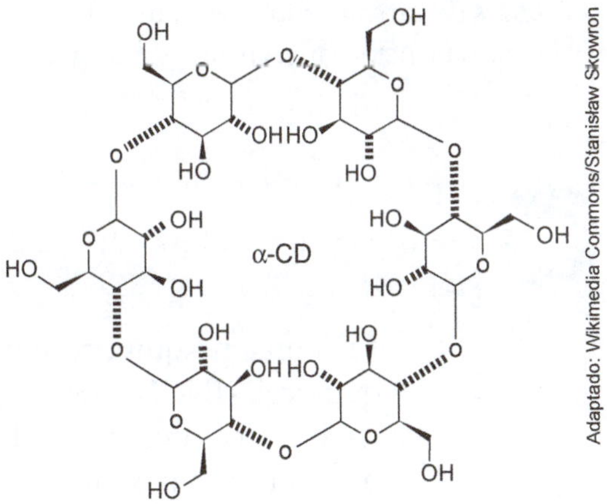

4.1.4.5 Fitossomas

As fitossomas são lipossomas com extratos vegetais. São obtidas pela dissolução do extrato concentrado da planta ou de outro princípio ativo, em solução ácida com quitosana. A partir do gel formado nessa dissolução, produzem-se as microesferas.

Figura 4.3 - Modelo de ciclodextrina do tipo α-*CD*.

4.1.4.6 Silanóis

Esses veículos são compostos à base de silício orgânico, que, por ter grande afinidade com a pele, possui alta capacidade de penetração e permeação cutânea.

O silício atua ainda como antioxidante e estimula a síntese proteica; logo, é fundamental para a formação do colágeno.

Qualquer veículo cosmético deve apresentar composição química constante e estável; não deve apresentar propriedades tóxicas, irritantes ou sensibilizantes; não deve ter propriedades organolépticas desagradáveis nem reagir com os demais componentes da formulação. Deve ainda ter afinidade com a pele, pH adequado, toque agradável e liberar os princípios ativos gradualmente.

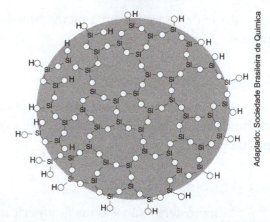

Figura 4.4 - Representação de uma cadeia de silanóis.

Vamos recapitular?

Este capítulo descreve de forma macroscópica os componentes de um cosmético. Dessa forma, o estudante ou profissional, ao ler uma composição química, saberá que, entre aqueles termos químicos, encontram-se as matérias-primas que originaram aquela formulação.

Entre esses termos podem aparecer os *ativos*, responsáveis diretos pela ação do produto cosmético; os *aditivos*, responsáveis pelo marketing e conservação da fórmula; os *produtos de correção*, capazes de ajustar as diversas características de um cosmético; e os *veículos*, capazes de carrear todo o restante da formulação, ou ao menos o princípio ativo, para o seu local de atuação.

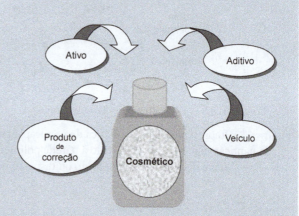

Figura 4.5 - Principais componentes de um cosmético.

Agora é com você!

1) Faça uma pesquisa com os cosméticos listados a seguir e informe suas composições químicas (INCI), descreva os componentes e encontre a função de cada substância química presente na formulação. Use o exemplo apresentado na Tabela 4.1 para orientar a sua pesquisa.

   a) Xampu
   b) Condicionador
   c) Creme capilar termoativado
   d) Hidratante corporal
   e) Gel lipolítico
   f) Protetor solar
   g) Sabonete líquido facial

5

Permeabilidade Cutânea

Para começar

Antigamente, acreditava-se que os cosméticos agiam apenas de forma extremamente superficial, não sendo capazes de ultrapassar o estrato córneo. Nos últimos anos, fala-se cada vez mais da entrada efetiva dos cosméticos na pele. Para que tal entrada ocorra, é importante o entendimento da permeabilidade cutânea. Dessa forma, torna-se possível a formulação de cosméticos mais eficazes e a aplicação de procedimentos estéticos que possam contribuir com a entrada dos princípios ativos até o seu local de atuação.

5.1 Conceitos fundamentais

Permeabilidade cutânea é a capacidade que a pele possui de deixar passar, seletivamente, determinadas substâncias de acordo com a sua natureza bioquímica ou determinados fatores (REBELLO, 2004).

Em capítulos anteriores, viu-se que os cosméticos são formulações para uso tópico, sem penetração sistêmica, destinados a higienizar e embelezar a pele, prevenindo, mantendo e melhorando suas características básicas. Sabe-se também que a epiderme tem como função principal a pro-

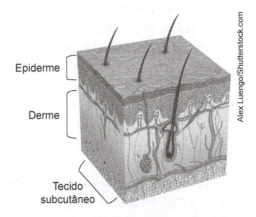

Figura 5.1 - Anatomia da pele humana.

teção do corpo humano contra a ação de agentes externos. Essa função de barreira da epiderme a torna quase totalmente impermeável às substâncias não gasosas.

Dessa forma, um dos grandes desafios da indústria cosmética é formular produtos que consigam vencer essa barreira e sejam aproveitados nas camadas cutâneas mais internas.

Alguns cosméticos, dependendo de suas propriedades físico-químicas, conseguem atravessar a barreira da epiderme e ser aproveitados pela pele.

5.1.1 Tipos de permeabilidade cutânea

A permeabilidade cutânea é classificada em três tipos, de acordo com a capacidade de permeação. Assim, pode haver permeabilidade (com substâncias de maior capacidade de permeação), semipermeabilidade (com substâncias de mediana capacidade de permeação) e impermeabilidade (com substâncias sem capacidade de permeação).

5.1.1.1 Substâncias com maior capacidade de permeação (permeáveis)

Essas substâncias abrangem os gases (principalmente O_2 e CO_2), etanol, água, moléculas com menos de 0,8 nm (8.10^{-10} m), substâncias hidrossolúveis e substâncias lipossolúveis de baixo peso molecular.

Os filamentos de queratina presentes na pele permitem a passagem das substâncias hidrossolúveis, ao passo que os lipídios existentes entre os filamentos de queratina permitem a passagem das substâncias lipossolúveis. Uma boa hidratação cutânea facilita a entrada de ativos hidrossolúveis; já os lipossolúveis devem ter baixa volatilidade e viscosidade para que a entrada na pele seja eficaz.

5.1.1.2 Substâncias com mediana capacidade de permeação (semipermeáveis)

Englobam aminoácidos, glicose, nucleotídeos, íons (Ca^{2+}, Na^+, K^+, Cl^-), vitaminas D e E, hormônios, anestésicos, resorcina e hidroquinona.

5.1.1.3 Substâncias sem capacidade de permeação (impermeáveis)

Incluem eletrólitos, proteínas e carboidratos. A entrada dos eletrólitos só é considerável se eles estiverem ionizados. Proteínas e carboidratos são impermeáveis em razão de seu tamanho e de sua baixa lipossolubilidade. O colágeno e a elastina, nas suas formas naturais, são utilizados em cosméticos por sua propriedade de umectância (GOMES; DAMAZIO, 2009). Entretanto, não conseguem agir em camadas mais profundas. Essa dificuldade pode ser minimizada se o peso molecular for reduzido por meio de hidrólise e consequente ionização.

5.1.2 Vias de entrada dos cosméticos na pele

Ao imaginar por onde um cosmético entra em nossa pele, um dos primeiros locais que nos vêm à mente são os poros. No entanto, serão apresentadas outras vias de entrada, que, muitas vezes, mostram-se mais eficientes que a entrada pelos poros.

5.1.2.1 Transepidérmica

A via transepidérmica pode ser inter ou intracelular (transcelular). Na via intercelular, o cosmético entra pelos espaços vazios existentes entre as células. Na via intracelular, o cosmético penetra na pele atravessando as células.

A entrada transepidérmica, embora muito lenta, é considerada a mais importante em virtude da grande extensão da pele. Dessa forma, pode-se afirmar que os homens apresentam melhor aproveitamento dos cosméticos que as mulheres, uma vez que geralmente têm maior superfície corporal.

5.1.2.2 Transanexial

Na via transanexial, o cosmético entrará pelos orifícios pilossebáceos (óstios) e pelos canais excretores das glândulas sudoríparas (poros). Essa via é responsável por aproximadamente 1% da entrada dos cosméticos na pele. Como parte da entrada dos produtos ocorre pelos folículos pilosos, uma região com maior quantidade de pelos terá maior absorção cutânea.

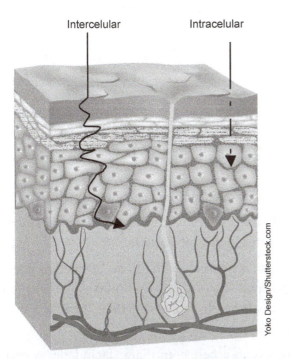

Figura 5.2 - Simulação da entrada dos ativos cosméticos pela via transepidérmica.

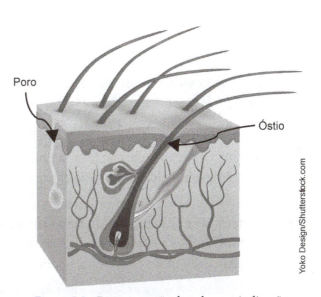

Figura 5.3 - Representação da pele com indicação dos óstios e poros.

5.1.3 Fatores que afetam a permeabilidade cutânea

Este item discutirá uma série de fatores biológicos, fisiológicos e cosmetológicos que podem influenciar a entrada dos cosméticos na pele.

5.1.3.1 Fatores biológicos

Os fatores biológicos dividem-se em:

» **Espessura da epiderme:** a hiperqueratinização dificulta a permeabilidade cutânea.

» Idade: com o avanço da idade, ocorre redução da hidratação natural, o que favorece o espessamento do estrato córneo e dificulta a entrada dos cosméticos na pele.

» Região anatômica: mucosas, regiões com grande número de orifícios pilossebáceos ou áreas mais vascularizadas têm maior permeabilidade cutânea.

5.1.3.2 Fatores fisiológicos

Os fatores fisiológicos dividem-se em:

» Fluxo sanguíneo: o aumento do fluxo sanguíneo provoca hiperemia, tornando a pele mais permeável.

» Hidratação: peles hidratadas apresentam maior permeabilidade cutânea.

» Tipo de pele: peles lipídicas e/ou acneicas dificultam a entrada de cosméticos por conta da obstrução dos óstios (orifícios pilossebáceos). Peles alípicas também demonstram menor permeabilidade em decorrência do baixo número ou ausência de folículos pilossebáceos em algumas regiões (REBELLO, 2004).

» pH da pele: o pH fisiológico é aproximadamente 5,0 (ácido). O pH alcalino eleva a permeabilidade.

5.1.3.3 Fatores cosmetológicos

Fatores relacionados aos cosméticos também podem influenciar a permeabilidade cutânea. Esses fatores podem ser resumidos em:

» Peso molecular baixo: quanto menor a molécula, mais fácil sua entrada na pele.

» Concentração: quanto maior a concentração do princípio ativo no cosmético, maior a sua permeabilidade, em vista da capacidade de difusão das substâncias.

» Solubilidade: a permeabilidade aumenta com a lipossolubilidade do cosmético. Deve-se destacar que emulsões do tipo O/A demonstram melhor permeabilidade cutânea quando comparadas a emulsões A/O, ou seja, o excesso de óleo pode dificultar a entrada do cosmético, ao passo que uma pequena quantidade pode auxiliar.

» Substâncias iônicas: essas substâncias atravessam a pele com maior facilidade. A entrada desses ativos, que ocorre pelo folículo pilossebáceo, é influenciada pela intensidade e pelo tempo de passagem da corrente elétrica. Ativos ou substâncias ionizadas mais utilizadas são colágeno, placenta, fator natural de hidratação cutânea (NMF), salicilato de sódio e ureia (REBELLO, 2004).

» Tempo de exposição: quanto maior o tempo de exposição, maior a permeabilidade cutânea.

» pH do cosmético: deve estar de acordo com a sua finalidade. Geralmente encontra-se ácido. No entanto, para resultar em elevada permeabilidade, o pH pode apresentar-se alcalino.

» Veículos: veículos vetoriais como lipossomas, nanosferas, ciclodextrinas e fitossomas, apresentados no capítulo anterior, facilitam a permeabilidade até camadas mais profundas.

5.1.4 Procedimentos estéticos que facilitam a permeabilidade cutânea

Há uma série de procedimentos estéticos capazes de auxiliar a permeabilidade cutânea. Esse auxílio se deve a alterações nos fatores biológicos e fisiológicos da pele provocados por esses procedimentos, que vão desde procedimentos básicos, como higienização, esfoliação, tonificação, hidratação e massagem, até procedimentos mais elaborados, como limpeza de pele, *peeling*, alcalinização cutânea, iontoforese, aplicação de cosmético hiperemiante, uso de equipamentos a vapor e de alta frequência.

» Higienização: primeira etapa de qualquer tratamento estético. Visa retirar as impurezas acumuladas na superfície da pele.

» Esfoliação: esfoliantes físicos, químicos ou biológicos são capazes de remover impurezas e células mortas do estrato córneo.

» Tonificação: procedimento capaz de corrigir o pH cutâneo e ainda remover as impurezas que não foram retiradas nas etapas anteriores.

» Hidratação: pele hidratada tem melhor permeabilidade cutânea.

» Massagem: procedimento que melhora o fluxo sanguíneo e aumenta a temperatura corporal local, facilitando a entrada do cosmético na pele.

» Limpeza de pele profunda: promove a desobstrução dos óstios, facilitando a entrada dos cosméticos pela via transanexial.

» *Peeling*: *peelings* físicos, químicos ou biológicos reduzem a espessura do estrato córneo, ou seja, diminuem a hiperqueratinização. *Peelings* químicos e biológicos também amolecem o cimento que une as células de queratina, facilitando a entrada dos ativos pela via intercelular.

» Alteração de pH: peles com pH alcalino demonstram maior permeabilidade cutânea. Procedimentos como aplicação de trietanolamina (substância quimicamente básica) com vapor de ozônio (O_3) ou com alta frequência durante 3 a 5 minutos tornam a pele mais alcalina.

» Iontoforese: processo pelo qual se realiza a introdução de cosméticos iontos por meio de corrente galvânica.

» Cosméticos hiperemiantes: promovem vasodilatação local, aumentando o fluxo sanguíneo e a temperatura corporal local, melhorando a permeabilidade da pele.

» Equipamentos a vapor: promovem a dilatação dos orifícios da pele e uma vasodilatação, facilitando a entrada dos ativos cosmetológicos por meio da epiderme e dos anexos cutâneos.

» Equipamentos de alta frequência: geram gás O_3 na superfície da pele e, ao mesmo tempo em que apresentam ação bactericida, bacteriostática, fungicida e cicatrizante, provocam aumento de temperatura ao atravessar o organismo. Consequentemente, ocorre vasodilatação periférica local, o que aumenta o fluxo sanguíneo e, assim, o aporte de oxigênio, melhorando a oxigenação e o metabolismo celular.

> **Fique de olho!**
>
> De acordo com o local de ação na pele (epiderme, derme ou tecido subcutâneo), devem ser utilizados diferentes termos para se referir ao alcance do cosmético.
>
> Usa-se *penetração* ou *absorção cutânea* para se referir ao alcance de cosméticos até a epiderme, ao passo que *permeação* e *absorção transcutânea* referem-se ao alcance dos cosméticos além da epiderme, ou seja, na derme ou no tecido subcutâneo. Quando uma substância alcança a corrente sanguínea, usa-se *absorção*.

5.2 Cronobiologia cutânea

Antes de compreendermos a cronobiologia cutânea, é importante discutirmos o que é essa ciência tão recente, reconhecida no século XX como disciplina científica.

A cronobiologia refere-se ao "relógio biológico", citado desde o século XVIII, e estuda a relação dos fenômenos internos do organismo com o tempo no período de um dia (ritmo circadiano). Esses fenômenos dependem dos núcleos localizados no hipotálamo. Esses núcleos recebem sinais sensoriais, durante o dia, dos olhos e da temperatura da pele, influenciando ações como a regulação de níveis hormonais e até mesmo a saída da urina.

Embora funcione de forma semelhante, esse ritmo não é idêntico para todas as pessoas. Trata-se de um provável motivo pelo qual, por exemplo, há pessoas que trabalham melhor de dia e outras à noite. A Tabela 5.1 apresenta um resumo sobre o relógio biológico comum para a maioria das pessoas.

Tabela 5.1 - Relação de fenômenos internos com o período do dia

Período do dia	Ação	Fenômenos internos
7 h - 9 h	Despertar	O corpo começa a produzir o cortisol (hormônio que nos mantém em estado de alerta) a partir das 6 h. A taxa desse hormônio atinge concentração máxima entre 7 e 8 h
9 h - 10 h	Prazer	A partir das 9 h, o corpo produzirá endorfinas; logo, o organismo sentirá uma sensação de tranquilidade ou até mesmo sono
10 h - 12 h	Trabalho	A memória de curto prazo encontra-se ativa
13 h - 14 h	Descanso	Queda do ritmo cardíaco em decorrência da redução da adrenalina
15 h - 16 h	Movimento	Nesse horário, não se vê produção de hormônio, mas nota-se redução da atividade intelectual contra o aumento do interesse pela atividade física
18 h - 19 h	Trabalho	Atividade intelectual e estado de alerta em alta
A partir das 20 h	Sonolência	Primeiro estado considerável de sonolência. Esse estado se repete a cada 2 horas. Esses períodos de sono devem-se, principalmente, à ação da melatonina, que começa a invadir o corpo por volta das 18 h
21 h - 1 h	Regeneração	Auge da produção do hormônio do crescimento, favorecendo a regeneração celular e a recuperação física

Baseando-se nesses estudos, pesquisadores tentam compreender a variação da permeabilidade cutânea ao longo do dia. Surge, assim, a cronobiologia cutânea, que tem como um de seus objetivos auxiliar no desenvolvimento de cosméticos e indicar o melhor horário de sua utilização.

De forma geral, sabe-se que, à noite, ocorre redução do teor de cortisol, elevação da microcirculação capilar, crescimento dos queratinócitos, aumento da divisão celular e maior absorção transepidérmica. No período entre 22 e 2 h, além de melhor oxigenação dos tecidos, ocorre redução do manto hidrolipídico, o que favorece a permeabilidade. Em contrapartida, no período diurno, há aumento do teor de cortisol e da atividade das glândulas sebáceas e sudoríparas, o que dificulta a entrada de cosméticos na pele.

Diante do exposto, pode-se considerar que o melhor período para aplicação de cosméticos com ações específicas, como inibição enzimática e efeito anti-inflamatório (em cosméticos para pele lipídica e/ou acneica), ação antioxidante (em cosméticos com benefícios antienvelhecimento) ou ação lipolítica (em cosméticos para gordura localizada), é o noturno. Pela manhã, deve-se investir no uso de cosméticos hidratantes, matificantes (no caso de peles com hiperatividade das glândulas sebáceas) e com ação fotoprotetora.

Fique de olho!

Todas as ações citadas, como inibição enzimática, ação matificante e ação lipolítica, serão discutidas detalhadamente em capítulos posteriores.

Vamos recapitular?

Este capítulo mostrou ao leitor que, embora a pele seja uma barreira, existem substâncias capazes de atravessá-la, como as substâncias permeáveis. Os gases e as partículas de reduzida massa molecular são exemplos dessas substâncias. Por outro lado, proteínas e eletrólitos são exemplos de substâncias impermeáveis. Foram discutidas, ainda, as vias de entrada dos cosméticos na pele e os fatores que podem influenciar a permeabilidade cutânea, incluindo os procedimentos estéticos. Portanto, um profissional que tenha conhecimentos em permeabilidade cutânea e utilize os procedimentos estéticos e o princípio da cronobiologia cutânea com certeza terá resultados mais eficazes em seus tratamentos estéticos.

No próximo capítulo, serão descritos os cuidados básicos com a pele, visto que esses cuidados contribuem muito para a permeabilidade cutânea e, portanto, nunca devem ser ignorados.

Agora é com você!

1) Permeabilidade cutânea é a capacidade da pele de deixar passar, seletivamente, determinadas substâncias de acordo com sua natureza bioquímica ou determinados fatores. Sabe-se que a principal função da epiderme é a proteção do corpo humano contra a ação de agentes externos. Essa função de barreira da epiderme dificulta a entrada de produtos cosméticos. Dessa forma, um dos grandes desafios da indústria é formular produtos que consigam vencer essa barreira e sejam aproveitados nas camadas cutâneas mais internas. Explique quatro fatores cosmetológicos, utilizados pela indústria, capazes de facilitar a entrada de cosméticos na pele.

2) Sabendo-se que os cosméticos podem entrar na pele por diferentes vias, verifique qual é a alternativa correta.

a) A via transepidérmica pode ser inter ou intracelular. Tanto na via intercelular quanto na via intracelular, o cosmético entra na pele atravessando as células.

b) A entrada transepidérmica é muito lenta, mas é considerada a mais importante em virtude da grande extensão da pele.

c) A via transanexial ocorre através dos orifícios pilossebáceos e folículos pilosos. Essa via é responsável por aproximadamente 100% da entrada dos cosméticos na pele.

d) A via transanexial é mais eficaz em regiões com menor número de folículos pilosos.

e) A via intercelular se dá pela passagem do cosmético pela membrana celular.

3) Elabore um protocolo de tratamento para gordura localizada, considerando alguns procedimentos estéticos que facilitam a entrada dos cosméticos na pele. Para isso, peça auxílio ao professor responsável.

6

Cuidados Básicos

Para começar

No capítulo anterior, viu-se que alguns procedimentos estéticos poderão favorecer a entrada dos cosméticos na pele. Entre esses procedimentos devem ser considerados os cuidados básicos com a pele, que devem ser realizados independentemente do local em que for aplicado o tratamento ao cliente.

6.1 Higienização

A higienização representa a primeira etapa de qualquer tratamento estético. Seu objetivo é remover a sujeira depositada e/ou acumulada na superfície do estrato córneo, visto que essa sujeira tende a dificultar a entrada do cosmético na pele do cliente. Caso o cliente esteja maquiado, deve-se remover primeiramente a maquiagem utilizando demaquilante ou outros produtos destinados a esse benefício e então proceder à higienização. Muitos higienizantes são indicados para também remover a maquiagem.

A sujeira depositada e/ou acumulada sobre a pele pode ter as seguintes procedências:

» O próprio metabolismo: gorduras insaturadas produzidas e excretadas pelas glândulas sebáceas e outras substâncias, como sais minerais e ureia, provenientes do suor produzido e excretado pelas glândulas sudoríparas. Tanto a gordura quanto as outras substâncias podem dificultar a entrada dos cosméticos na pele, visto que obstruem os óstios e os poros, minimizando principalmente a entrada pela via transanexial. As células mortas no estrato córneo também representam um material gerado pelo próprio metabolismo e o seu acúmulo na superfície cutânea tende a dificultar a permeabilidade, já que constitui uma barreira sobre a pele.

» O meio externo: os resíduos de produtos cosméticos constituem os principais vilões entre as substâncias provenientes do meio externo capazes de dificultar a permeabilidade. Esses resíduos podem ser de maquiagem, hidratantes, protetores solares, enfim, de cosméticos que foram aplicados sobre a pele, mas não foram removidos corretamente. Além dos cosméticos, considerar ainda a poeira, a poluição ambiental e os próprios micro-organismos que habitam nossa epiderme.

Para a remoção dessas sujeiras, que poderão ter características hidrofílicas ou lipofílicas, são utilizados nos cosméticos higienizantes agentes tensoativos que atendam a essas duas características. O tensoativo deve ser capaz de solubilizar essas sujeiras para que seja possível sua remoção.

O mercado cosmético oferece uma variedade de produtos com ação higienizante. Essa variedade envolve não apenas o uso de diferentes princípios ativos, mas também diversas formas de apresentação. Isso permite que o profissional tenha várias opções de escolha. A seleção deverá ser baseada, principalmente, nos ativos presentes no produto e no teor de óleo da formulação, ou seja, um gel higienizante é isento de óleo, ao passo que o leite de limpeza pode conter substâncias graxas.

Tabela 6.1 - Variedade de higienizantes

Forma de apresentação	Principal indicação	Ação
Líquido aquoso ou hidroalcoólico	Peles eudérmicas a lipídicas	Ação detergente mínima (cuidado apenas com o teor de álcool no hidroalcoólico, visto que álcool é desidratante)
Sabonete líquido ou gel	Peles eudérmicas a lipídicas	Ação detergente suave (um pouco mais forte que o anterior) pH neutro ou ácido
Espuma	Todos os tipos de pele	Ação detergente suave pH neutro ou ácido
Sabonete tradicional em barra ou glicerinado	Corpo	Ação detergente nem sempre suave pH alcalino
Sabonete Syndet em barra	Todos os tipos de pele	Ação detergente suave pH alcalino ou neutro
Emulsão	Peles eudérmicas a alípicas	Efeito suave sem ação enérgica de remoção de lipídios
Higienizantes esfoliantes	Sabonete ou gel esfoliante: pele eudérmica a lipídica Emulsão esfoliante: pele eudérmica a alípica	De acordo com veículo e substância esfoliante

Independentemente da forma de apresentação do higienizante, nenhum cosmético para tal benefício deve ser utilizado mais de duas vezes ao dia. Vale lembrar que, ao remover a sujeira, removemos também o manto hidrolipídico da superfície do estrato córneo. Quando esse manto é retirado de forma intensa, ocorre um estímulo das glândulas sebáceas, tornando a pele mais oleosa ("efeito rebote") e, consequentemente, com pH alcalino. Esse pH favorece a proliferação de micro-organismos, induzindo ao aparecimento de lesões acneicas inflamatórias.

Nos cuidados básicos diários, em *home care*, a higienização deve ser seguida pela tonificação. No entanto, nos cuidados básicos em protocolos de tratamentos estéticos, a higienização geralmente é seguida pela esfoliação. Por reduzir a espessura da epiderme, a esfoliação contribui com a melhora da permeabilidade cutânea.

6.2 Esfoliação

A esfoliação não deve ser realizada diariamente, visto que esse procedimento reduz a espessura da epiderme, por remover células mortas do estrato córneo de forma mais intensa e homogênea, quando comparada à etapa anterior da higienização. Como a pele se renova em uma média de 28 dias, sugere-se que seja respeitado esse intervalo de tempo entre as esfoliações. No entanto, o profissional deve analisar as condições cutâneas de seu cliente, já que, em alguns casos, a indicação poderá ter um intervalo de tempo menor.

Os esfoliantes podem ter ação mecânica, química ou biológica, de acordo com o agente utilizado.

6.2.1 Agentes físicos

Os agentes físicos promovem a esfoliação por um efeito mecânico com ação abrasiva. Podem ser de baixa, média ou alta abrasão, dependendo da agressividade do agente esfoliante. Em geral, recomenda-se baixa e média abrasão para protocolos faciais e alta abrasão para protocolos corporais (é necessário avaliar a condição cutânea de cada cliente e sua necessidade).

Os ativos esfoliantes de ação física podem ser sintéticos ou naturais, de diferentes origens (vegetal, animal e mineral). A Tabela 6.2 traz alguns exemplos.

Tabela 6.2 - Exemplos de esfoliantes físicos

Agente esfoliante	Origem
Microesferas de polietileno	Sintética
Açúcar	Natural (vegetal)
Bambu	Natural (vegetal)
Folhas de graviola	Natural (vegetal)
Pó de melaleuca	Natural (vegetal)
Pó de caroço de damasco	Natural (vegetal)
Semente de damasco	Natural (vegetal)
Amêndoas, nozes	Natural (vegetal)
Microgrânulos de cereais	Natural (vegetal)
Casca de ovo	Natural (animal)
Pó de conchas	Natural (animal)
Pó de pérolas	Natural (animal)
Areia (de locais específicos)	Natural (mineral)
Sal marinho	Natural (mineral)
Siléx	Natural (mineral)
Sílica	Natural (mineral)

6.2.2 Agentes químicos

Os esfoliantes por ação química possuem agentes químicos capazes de promover a chamada esfoliação cutânea. A ação química desses agentes reduz a coesão entre os queratinócitos, acelerando o processo de descamação da pele, o que resulta em renovação celular.

Esses agentes são ácidos como o cítrico, lático, glicólico, málico, mandélico, retinoico (proibido para cosméticos comercializados), salicílico, tartárico e tricloroacético (proibido para cosméticos comercializados).

6.2.3 Agentes biológicos

Esfoliantes biológicos também são conhecidos como esfoliantes enzimáticos, visto que o efeito da retirada de células mortas é resultante da ação de enzimas proteolíticas (também conhecidas como proteases). Essas enzimas são capazes de transformar proteínas indesejáveis em aminoácidos, por meio da quebra das ligações peptídicas das proteínas. Como os aminoácidos possuem moléculas menores, são facilmente eliminados.

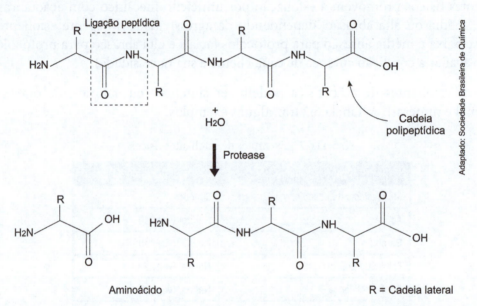

Figura 6.1 - Quebra enzimática da ligação peptídica de um polipeptídeo, gerando moléculas menores de aminoácidos.

As enzimas proteolíticas mais utilizadas pela cosmetologia são a papaína (mamão), a bromelina (abacaxi) e a ficina (figo). Esses esfoliantes apresentam maior segurança e reduzida irritabilidade quando comparados aos esfoliantes químicos e até mesmo aos físicos.

Não é aconselhável esfoliar ao redor dos olhos e os seios (região areolar), pois são áreas extremamente sensíveis. Também não se recomenda esfoliar a pele após a depilação ou antes de exposição ao sol.

6.2.4 Gomagem

A gomagem é uma forma de esfoliação mecânica suave, cuja aplicação e remoção são diferentes dos esfoliantes tradicionais, embora a função do cosmético seja a mesma. Para facilitar a comparação entre a esfoliação física tradicional e a gomagem, foi elaborada a Tabela 6.3.

Tabela 6.3 - Tabela comparativa de esfoliação física tradicional e gomagem

	Esfoliante físico tradicional	Gomagem
Função	Remoção de células mortas e impurezas	Remoção de células mortas e impurezas
Descrição	Diversas formas de apresentação (gel, sérum, emulsão), com grânulos de baixa, média ou alta abrasão	Creme com elevada consistência, com ou sem grânulos de baixa ou média abrasão
Modo de uso	Aplicar o esfoliante com suaves movimentos circulares até considerável secagem do produto. Remover os grânulos com auxílio de toalha, gaze ou algodão	Aplicar fina camada do cosmético de gomagem sem massagear. Após secagem, remover com movimentos retos, formando os "rolinhos"

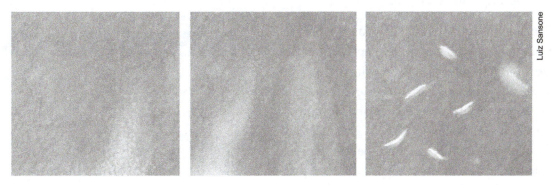

Figura 6.2 - Sequência do modo de uso do cosmético com efeito de gomagem: aplicação de fina camada, secagem e remoção com a formação dos "rolinhos".

6.3 Tonificação

A tonificação é a etapa dos cuidados básicos responsável pelo equilíbrio do pH da pele e pela remoção da sujeira remanescente na superfície cutânea. Deve ser realizada duas vezes ao dia, após a higienização com o agente de limpeza. Esse cosmético costuma estar disponível na forma de líquido aquoso ou hidroalcoólico.

6.3.1 Potencial hidrogeniônico (pH)

O pH é o valor que representa a acidez ou alcalinidade de uma solução aquosa. Esse valor baseia-se na seguinte equação logarítmica:

$$pH = -\log [H^+]$$

Nessa equação, $[H^+]$ representa a concentração molar dos íons de hidrogênio nesta solução. Quanto mais forte for um ácido, maior será a quantidade de íons H^+ que ele irá liberar em solução aquosa. Quanto mais forte for uma base, maior será a quantidade de íons OH^- que ela irá liberar em solução aquosa, ou seja, menor a quantidade de íons H^+.

Existe uma escala, conhecida como escala de pH, que vai de 0 a 14, sendo 7 considerado o pH neutro. Esse é o pH da água pura (destilada). Tudo o que estiver abaixo de 7 é ácido, e tudo o que estiver acima de 7 é alcalino ou básico.

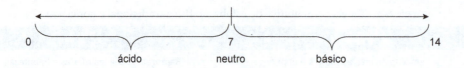

Figura 6.3 - Escala de pH.

O pH da pele encontra-se em torno de 5,0, variando nas diferentes regiões do corpo.

6.3.2 Tipos de tônicos

Considerando a tendência dos cosméticos multifuncionais, os tônicos podem apresentar funções que vão além das citadas anteriormente. Eles podem ser adstringentes, matificantes, calmantes, hidratantes, entre outras ações, de acordo com os ativos presentes na formulação. No entanto, deve ficar claro para o leitor que, independentemente da função extra que um tônico possa ter, a principal função de todos eles é a correção do pH cutâneo.

Tabela 6.4 - Valores fisiológicos do pH

Região	pH
Axila	6,5
Couro cabeludo	4,0
Perna e tornozelo	4,5
Pregas interdigitais	7,0
Prega mamária	6,0
Rosto	4,7

Fonte: WILKINSON; MOORE, 1990.

Tabela 6.5 - Tabela comparativa dos principais tônicos multifuncionais

Tônico	Ação	Indicação
Adstringente	Remove o excesso de óleo da superfície cutânea e reduz temporariamente o calibre dos óstios	Peles lipídicas, mistas e/ou acneicas
Matificante	Reduz o brilho da pele	Peles lipídicas, mistas e/ou acneicas
Antisséptico	Impede a ação de micro-organismos indesejáveis	Peles lipídicas, mistas e/ou acneicas
Hidratante	Auxilia na hidratação cutânea	Peles alípicas e desidratadas
Calmante	Promove efeito calmante	Peles sensíveis
Para peles maduras	Pode ter ação antioxidante, tensora ou melhorar a firmeza cutânea	Peles maduras

Os tônicos adstringentes são capazes de contrair os tecidos orgânicos, reduzindo o calibre dos óstios, em virtude da reação entre as substâncias adstringentes e as proteínas celulares, que resulta em um processo inflamatório, promovendo a dilatação de pequenos vasos na derme, com ligeiro edema e aumento do líquido no espaço intersticial. Com o aumento de volume dos orifícios pilossebáceos dilatados, estes ficarão menos visíveis.

> **Fique de olho!**
>
> Existe uma variedade de ativos com ação adstringente, a maioria de origem vegetal. Alguns desses ativos serão apresentados em momento posterior.

6.4 Hidratação

O termo *hidratação* está diretamente relacionado à água. Portanto, um cosmético com ação hidratante deve ser capaz de melhorar o teor hídrico da pele. Para melhorar esse teor, existem três formas válidas de hidratação: por emoliência, por umectação e por higroscopia ativa.

A hidratação por emoliência é aquela na qual um ativo emoliente formará um filme sobre a superfície cutânea, garantindo a permanência de água na pele. Esse ativo é responsável pelo toque final do produto cosmético; assim, quando se utiliza um emoliente de qualidade, o toque final é extremamente agradável, com características de toque aveludado. Na hidratação por umectação, o ativo umectante também formará um filme na superfície do estrato córneo. No entanto, esse filme umectante tem afinidade por água, mantendo-a próxima à sua molécula, ou seja, o umectante garante as moléculas de água na superfície da pele e pode resultar em um toque final "molhado" do produto sobre a pele. Por fim, a higroscopia ativa é capaz de devolver a água para a pele.

Tabela 6.6 - Tipos de hidratação

Tipos de hidratação	Ação	Exemplos de ativos
Emoliência	Evita ou atenua o ressecamento da pele	Silicones, óleos vegetais, vitamina E, vitamina A, *Aloe vera*, algas
Umectação	Absorve a água e mantém a pele irrigada	Glicerina, sorbitol e propilenoglicol, alantoína, gluconolactona, ácido lático, papaia, ureia, algas, Hidroviton
Hidratação ativa (higroscopia ativa)	Reposição de água de maneira ativa (higroscopia intracelular)	PCA-Na, Hidroviton, aminoácidos, ácido hialurônico, hialuronato de sódio, ácido lático, alfa-hidroxiácidos, algas, alantoína, malva, ureia, *Aloe vera*, Aquasense, Aquaporine, Aquaphyline

Esses ativos podem ser acrescentados em diferentes formas cosméticas, de gel a creme. Portanto, o conceito de que não existe hidratante para pele lipídica, visto que os hidratantes são oleosos, é um mito. A indústria cosmética é capaz de formular géis hidratantes sem nenhum teor de óleo ou, ainda, séruns hidratantes com toque extrasseco.

6.5 Máscaras

As máscaras são utilizadas pelo profissional de estética em diferentes procedimentos. Podem ter ação calmante, hidratante, nutritiva, secativa ou tensora na pele e podem ser apresentadas na forma de creme, gel ou pó. As máscaras em pó devem ser misturadas a loções ou soro fisiológico, algumas são vendidas juntamente com o diluente específico.

Sua finalidade é aumentar a penetração (ou permeação) dos ativos colocados anteriormente na pele, além de promover a entrada de seus próprios ativos pelo tempo de contato com a pele. Toda máscara deve permanecer na pele em média 20 minutos para que tenha sua ação assegurada.

As máscaras hidroplásticas costumam ter alginato em sua formulação, o que lhes permite secar na forma de uma película plástica, que promove a oclusão dos ativos colocados na pele. Se a aplicação da máscara for feita sobre uma gaze colocada sobre a pele, sua remoção se torna mais fácil.

As de gesso ou porcelana devem ser aplicadas sobre algodão e gaze, e também têm a função de ocluir os ativos colocados na pele, aumentando sua penetração.

Algumas máscaras tensoras formam uma fina película, como se fosse uma segunda pele. Como demoram um pouco mais para secar, pode-se colocar sobre elas uma gaze fina que, além de facilitar a secagem, ajuda na remoção da máscara.

As máscaras em forma de gel ou creme podem ser removidas com espátula. Em seguida, devem-se remover os resíduos com algodão e gaze embebidos em água ou loção.

Fique de olho!

Os protetores solares também fazem parte do grupo de cosméticos para os cuidados básicos da pele. O efeito de proteção contra as radiações ultravioleta (UV) é possível graças à presença de moléculas capazes de absorver ou refletir a radiação UV, tanto do tipo UVA quanto do tipo UVB.

No próximo capítulo, os protetores solares serão apresentados de forma detalhada.

Vamos recapitular?

Os cuidados básicos são muito importantes para a manutenção das condições fundamentais da pele e para um aproveitamento efetivo dos cosméticos específicos com os quais queremos trabalhar. Além de diversos higienizantes, há uma gama de tipos de esfoliantes, tônicos e hidratantes que garantirão resultados satisfatórios para o tratamento.

No próximo capítulo, focaremos nos fotoprotetores, cosméticos que complementam os cuidados básicos.

Agora é com você!

1) Faça uma comparação entre três marcas de cosméticos profissionais de cada categoria, contemplando os seguintes itens:

   a) Produtos higienizantes para peles lipídicas.
   - » Marca
   - » Ativos
   - » Produto higienizante
   - » Ação

   b) Produtos esfoliantes para peles lipídicas.
   - » Marca
   - » Ativos
   - » Esfoliante
   - » Ação

   c) Tônicos para peles lipídicas.
   - » Marca
   - » Ativos
   - » Tônico
   - » Ação

   d) Hidratantes para peles lipídicas
   - » Marca
   - » Ativos
   - » Hidratante
   - » Ação

7

Fotoprotetores

Para começar

Os fotoprotetores são os protetores solares, cosméticos indispensáveis quando se trata de proteção da pele e dos cabelos contra as radiações do tipo ultravioleta (UV). Embora também proporcionem benefícios para os seres vivos, os danos que essas radiações podem provocar variam de acordo com a intensidade da radiação. Por isso, a cosmetologia criou ativos capazes de minimizar esses danos. Neste capítulo, vamos aprender o que são e como agem esses ativos, compreendendo de forma detalhada as especificações dos rótulos dos protetores solares.

7.1 Benefícios da ação solar

Antes de discutirmos os danos que podem ser ocasionados pela exposição intensa ao sol sem proteção solar, é importante que o leitor saiba que o sol proporciona muitos benefícios para a saúde do ser humano. É imprescindível citar que a radiação UV, especialmente do tipo UVB, é precursora da vitamina D, uma vitamina que auxilia na fixação de cálcio nos ossos, podendo evitar doenças como osteoporose e raquitismo. Além disso, a vitamina D contribui para reduzir os níveis de colesterol, a pressão arterial e minimizar as dores de reumatismo. Outro benefício da exposição às radiações UV está associado ao sono e ao humor. Estudou-se a influência do sol em depressões sazonais, tendo ele se mostrado benéfico ao tratamento. A radiação UV atua na produção de melatonina, hormônio que contribui com a qualidade do sono e previne transtornos mentais como a depressão. Pode-se citar, ainda, que esse tipo de radiação proveniente do sol também pode trazer benefícios para o sistema imunológico.

7.2 Histórico: pele bronzeada e fotoprotetores

A pele bronzeada era sinônimo de saúde há poucas décadas, ao passo que a pele pálida significava saúde precária. No início do século XX, os banhos de sol começaram a ser utilizados como atividade recreativa, chamados de "terapia do sol". Nessa época, entretanto, os pesquisadores ainda desconheciam os efeitos da radiação solar. O salicilato de benzila e o cinamato de benzila, duas das primeiras matérias-primas descobertas com ação fotoprotetora, começaram a ser utilizados no início da década de 1920, em produtos que permitiam alta exposição ao sol.

O banho de sol para bebês popularizou-se na década de 1930 e, mesmo tendo seus benefícios questionados por especialistas em décadas seguintes, o hábito de expor os bebês ao sol manteve-se, assim como a busca pela pele bronzeada. Essa pele bronzeada chegou a indicar posição social elevada, já que as pessoas de classe social alta tinham tempo para realizar banhos de sol, ao contrário da maioria da população, que trabalhava muito em ambientes fechados.

Esse padrão de bronzeado foi reforçado quando pessoas representativas da sociedade começaram a adotar essa tonalidade em sua pele, como ocorreu com a estilista Coco Chanel. Desta forma, aumentou o uso de óleos bronzeadores. No entanto, esses óleos bronzeadores favoreciam apenas as queimaduras solares, sem qualquer efeito de proteção. Esse cuidado com a proteção só surgiu em decorrência de queimaduras graves que ocorreram na época, e não por questões associadas ao câncer de pele e/ou fotoenvelhecimento, que são conhecimentos relativamente atuais.

Um estudo feito com camundongos, demonstrando a possibilidade de câncer de pele decorrente da exposição à radiação UV, foi um dos motivos que despertou na população certo receio quanto à exposição ao sol sem nenhuma proteção. Dessa forma, as pessoas começaram a ter consciência sobre a fotoproteção, o que promoveu a busca por protetores solares.

7.3 Efeitos da radiação ultravioleta na pele

Antes de apresentarmos as características do protetor solar, o leitor deve compreender as ações dos raios solares na pele. As radiações UV estimulam os melanócitos (células responsáveis pela produção de melanina), provocando sua divisão mitótica.

Pode-se considerar que a melanina é o filtro natural presente na pele, uma vez que é capaz de absorver e refletir parte da radiação solar recebida. Ao absorver a radiação, a melanina a transforma em calor e utiliza a energia gerada para estabilizar os radicais livres originados na pele.

O efeito protetor da melanina ainda é muito questionado pelos cientistas, mas eles admitem que

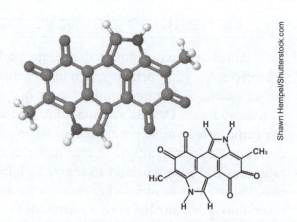

Figura 7.1 - Molécula de melanina. A presença do anel benzênico confere a ação fotoprotetora.

a sua quantidade na pele e a forma como as suas moléculas estão distribuídas são responsáveis pelos resultados de uma exposição ao sol.

A exposição solar gera diversas reações químicas na pele, muitas das quais tendo características danosas. Em curto prazo, podem-se citar as queimaduras solares, ou seja, edemas provocados pela radiação UVB. Essa radiação provoca vasodilatação, o que resulta em aumento do fluxo sanguíneo e da permeabilidade cutânea. É importante saber que essa vasodilatação ocorre não por um efeito da temperatura, mas sim pelos danos na membrana celular, alterações na síntese proteica e distúrbios dos ácidos desoxirribonucleico (DNA) e ribonucleico (RNA) provocados pela radiação UV, que promoveu a liberação de citotoxinas e mediadores inflamatórios. Em longo prazo, as radiações UV poderão ter efeito cumulativo, induzindo ao câncer de pele e ao fotoenvelhecimento.

> **Fique de olho!**
> Os danos cutâneos resultantes do fotoenvelhecimento serão discutidos no Capítulo 10.

Quanto ao câncer de pele, há evidências de que a radiação UV promove alterações no sistema imunológico, fazendo com que ele não seja capaz de reconhecer antígenos tumorais e/ou destruir células malignas. A radiação UV também provoca diversas lesões no DNA celular. A radiação UVB tem relação mais direta com os danos do câncer de pele que a radiação UVA, visto que a porção UVB é mais energética (promove danos aos cromossomos, com posteriores mutações).

Em relação ao fotoenvelhecimento, que é o envelhecimento cutâneo de forma precoce induzido por fatores externos como exposição a radiações do tipo UV, nota-se que a radiação UVA é a principal responsável (relacionada com a desintegração da vitamina A e das fibras de colágeno). Nesse caso, os danos ocorrem na derme, em virtude do comprimento de onda dessa radiação.

Existe também a radiação do tipo UVC. A maioria dos pesquisadores afirma que essa radiação é completamente absorvida, na estratosfera, pela camada de ozônio. Essa radiação é germicida e pode ser considerada a mais danosa

Figura 7.2 - Simulação da entrada da radiação UV na pele. Note que a radiação UVA alcança derme, ao passo que a radiação UVB terá ação na epiderme.

para os seres vivos, pelas suas características penetrantes e por provocar severas queimaduras e ações mutagênicas.

Tabela 7.1 - Comparação entre os diferentes tipos de radiação UV

	UVA (luz negra)	UVB (luz eritematogênica)	UVC (radiação germicida)
Comprimento de onda (nm)	315 a 400	280 a 315	100 a 280
Chegada à superfície terrestre	Atinge consideravelmente a superfície terrestre	Apenas cerca de 10% alcança a superfície terrestre	É absorvida completamente pela camada de ozônio
Variação da intensidade	Não sofre variação sazonal significativa; pouquíssimo maior entre 10 e 16 h	Muito mais intensa no verão e entre 10 e 16 h	***
Alcance cutâneo	Derme	Epiderme	***
Danos	Fotoenvelhecimento, além de predispor ao câncer de pele	Queimadura solar e principal responsável pelo câncer de pele	Extremamente nociva, provoca queimaduras graves e dano fotoquímico no DNA

7.4 Efeitos da radiação ultravioleta nos cabelos

Muito se fala sobre os danos da radiação UV na pele, mas essa radiação também atinge os cabelos. Logo, faz-se necessário o estudo da ação dessas radiações na fibra capilar.

A radiação UV é capaz de degradar a fibra capilar em decorrência de alterações fotoquímicas principalmente na cutícula dos cabelos, resultando em cisão homolítica das pontes de dissulfeto presentes nessa cutícula, ilustrada na Figura 7.4. Essas alterações são oriundas da geração de radicais livres decorrentes de resíduos de elementos como cistina, fenilalanina, tirosina e triptofano, que absorveram a radiação ultravioleta.

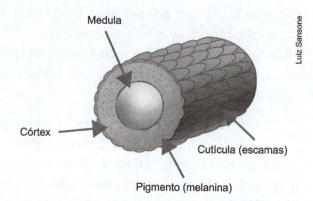

Figura 7.3 - Representação da fibra capilar.

Da mesma forma que existe a melanina da pele, protegendo-a dos efeitos da radiação UV, existe também a melanina nos cabelos, protegendo-os. A melanina absorverá parte da radiação ultravioleta, minimizando a formação dos radicais livres e, consequentemente, reduzindo o número de quebras das pontes de dissulfeto. Outro aspecto a destacar é que, assim como as peles negras estão mais protegidas que as peles brancas, o mesmo pode ser considerado para os cabelos. Nota-se que cabelos claros são mais propensos a danos decorrentes dos efeitos da radiação UV, visto que apresentam menor concentração de melanina e, logo, menor proteção natural.

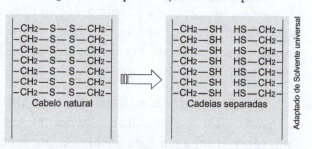

Figura 7.4 - Representação da cisão homolítica das pontes de dissulfeto.

As alterações macroscópicas na fibra capilar podem abranger o clareamento do fio, a alteração ou eliminação celular da cutícula, a perda de resistência do fio, o aparecimento de um toque áspero e uma significativa abertura das escamas capilares, resultando em maior número das chamadas "pontas duplas".

7.5 Protetor solar

O protetor solar é um cosmético cujos ativos são os chamados filtros solares. Sua ação se concentra em minimizar os efeitos das radiações UV, à medida que reduz, por princípios de absorção, reflexão ou espalhamento, a entrada dessas radiações nos locais em que o cosmético é aplicado, seja pele, lábios ou cabelos, como ilustra a Figura 7.5.

O filtro ideal deve ter inércia química, fotoquímica e térmica, e não deve ser sensibilizante, irritante, tóxico, mutagênico ou volátil. Não pode ser absorvido pela pele, sofrer alteração colorimétrica nem manchar pele ou roupas. Deve ser compatível com os demais componentes da formulação e com o material da embalagem. De nada adiantam essas características se o filtro solar não apresentar amplo espectro de absorção, reflexão e/ou espalhamento para determinada radiação ultravioleta. Para essa ação, podem ser utilizados filtros solares químicos e/ou físicos.

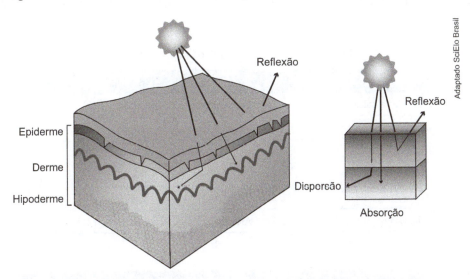

Figura 7.5 - Mecanismos de interação dos filtros solares com a radiação UV.

7.5.1 Filtro solar físico

O filtro solar físico é aquele que protege a pele graças aos fenômenos físicos de reflexão e espalhamento. Esses fenômenos são possíveis graças à ação de substâncias químicas inorgânicas como os óxidos metálicos.

O tamanho da partícula dessa substância determinará o comprimento de onda específico de reflexão e espalhamento da radiação UV. Quanto menor o tamanho da partícula, maior a capacidade de reflexão e espalhamento homogêneo.

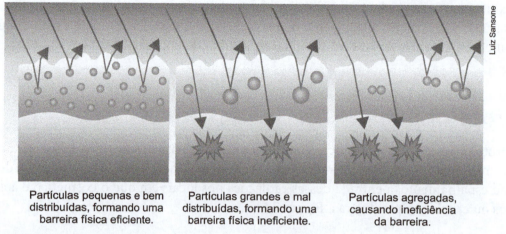

Figura 7.6 - Simulação do comportamento dos filtros físicos de acordo com seu tamanho de partícula.

Por isso, a indústria cosmetológica desenvolveu filtros físicos com partícula de tamanho extremamente reduzido, chegando a obter até mesmo o aspecto transparente, diferente daquele aspecto esbranquiçado da maioria dos protetores solares de antigamente.

Os ativos mais utilizados são o óxido de zinco e o dióxido de titânio. A Tabela 7.2 mostra outros exemplos.

Tabela 7.2 - Exemplos de filtros solares físicos

Nome químico e comercial	INCI	Fórmula química
Carbonato de cálcio	Calcium carbonate	$CaCO_3$
Carbonato de magnésio	Magnesium carbonate	$MgCO_3$
Clorato de ferro	Potassium chlorate	$Fe(ClO_3)_x$
Dióxido de titânio	Titanium dioxide	TiO_2
Óxido de magnésio	Magnesium oxide	MgO
Óxido de zinco	Zinc oxide	ZnO

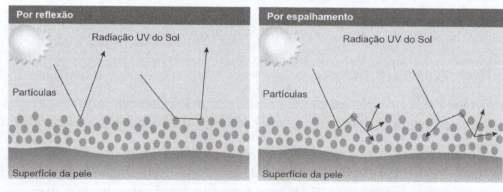

Figura 7.7 - Fenômenos físicos de reflexão e espalhamento da radiação ultravioleta.

Como alguns filtros químicos tendem a irritar a pele, os filtros físicos são indicados para crianças e pessoas com peles sensíveis, visto que não atravessam a pele. Ficam apenas na superfície, como uma barreira, refletindo e dispersando (espalhando) a radiação.

7.5.2 Filtro solar químico

O filtro solar químico é totalmente diferente do físico, tanto pelo aspecto molecular quanto pelo mecanismo de ação fotoprotetora. As moléculas do filtro químico são orgânicas, geralmente com cadeia aromática. Essas moléculas são capazes de absorver a radiação UV, transformando-a em outra radiação menos energética e não danosa. De acordo com a molécula, pode-se ter a absorção da radiação UVA e/ou UVB.

Tabela 7.3 - Exemplos de filtros solares químicos

Nome químico e comercial	INCI	Fórmula química	Radiação absorvida
Ácido cinâmico	Cinnamic acid	$C_9H_8O_2$	UVB
Antranilatos	Menthyl anthranilate	$C_8H_9NO_2$	UVA
Avobenzona	Butyl methoxydibenzoyl-methane	$C_{20}H_{22}O_3$	UVA
Benzimidazóis	Benzimidazole	$C_7H_6N_2$	UVB
Benzofenona-3 (oxibenzona)	Benzofenona-3	$C_{14}H_{12}O_3$	UVA UVB
4-metil benzilideno cânfora	Methybenzylidene camphor	$C_{18}H_{22}O$	UVB
p-metoxicinamato de octila	Octyl methoxycinnamate	$C_{18}H_{26}O_3$	UVB
PABA	Para-aminobenzoic acid (PABA)	$C_7H_7NO_2$	UVB
Phycocorail	Corallina officinalis	***	UVA UVB
Salicilato de octila	Ethylhexyl salicylate	$C_{15}H_{22}O_3$	UVB
Tinosorb® M	Methylene bis-benzotriazolyl tetramethylphenol (and) Aqua (and) Decyl glucoside (and) Propylene glycol (and) Xanthan gum	***	UVA UVB

Observando as Figuras 7.8 e 7.9, é possível notar a presença do anel benzênico nas fórmulas moleculares dos filtros químicos e, ainda, o espectro de absorção específico para cada substância química.

7.5.3 Fator de proteção solar

Para que o usuário do protetor solar tenha conhecimento da capacidade de proteção do seu cosmético, constam nos rótulos desses produtos alguns dados que nem sempre são corretamente interpretados. No item anterior, viu-se que existem filtros químicos para as radiações no comprimento UVA e no comprimento UVB. Portanto, nos rótulos, também aparecerão informações quanto à capacidade de proteção do produto em relação a essas radiações.

Fotoprotetores

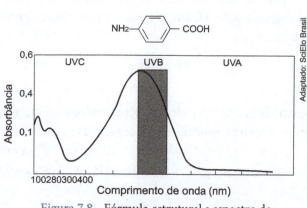

Figura 7.8 - Fórmula estrutural e espectro de absorção do filtro químico PABA (ácido p-aminobenzoico).

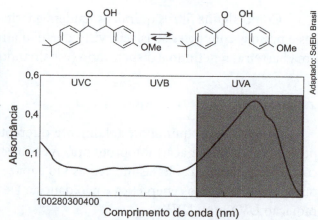

Figura 7.9 - Fórmula estrutural e espectro de absorção do filtro químico 1-(4-tercibutilfenil)-3-(4-metoxifenil) propano-1,2-diona(butil metoxi-dibenzoil-metano).

7.5.3.1 Proteção contra UVB

A proteção contra as radiações ultravioletas do tipo B foi a primeira a ser utilizada nos produtos cosméticos. Essa proteção é identificada nos rótulos por meio da sigla FPS (fator de proteção solar). O valor numérico que acompanha essa sigla indica quantas vezes mais, em relação ao tempo, o usuário com esse cosmético sobre a pele está protegido, ou seja, um protetor com FPS 10 indica que seu usuário estará 10 vezes mais protegido, em relação ao tempo, do que se estivesse sem protetor.

Esse tempo existe porque cada pessoa tem um tempo de proteção natural, resultante da ação da melanina. Apenas depois desse tempo é que começamos sofrer os danos da exposição ao sol. Então, considerando uma pessoa cujo tempo de proteção natural é 12 minutos, caso ela utilize um protetor FPS 10, ela ficará protegida durante 120 minutos (12x10). Teoricamente, somente depois desse tempo seria necessária a reaplicação do produto.

A indústria cosmética determina o FPS dos produtos seguindo o modelo internacional proposto pela FDA em 1978. De acordo com a metodologia, deve-se aplicar o protetor solar a ser testado em uma área da pele de voluntários na concentração de 2 mg/cm^2. Esses voluntários serão submetidos a doses progressivas de radiação ultravioleta de luz artificial e, após 16 a 24 horas de exposição, realiza-se a leitura da dose eritematosa mínima (DEM) da área com protetor solar e de uma área sem protetor solar. Assim, faz-se para cada voluntário a razão entre a DEM com proteção e a DEM sem proteção. O FPS do cosmético deve ser calculado com base em uma média de resultados encontrados na análise de 10 a 20 voluntários.

Note que, com base na fórmula representada na Figura 7.10 e conhecendo a sua DEM sem protetor solar, ou seja, o tempo em que a sua pele começa a apresentar eritema (sinais de queima) sem protetor solar, é possível calcular o tempo pelo qual a sua pele permanecerá protegida do efeito da radiação UV utilizando determinado protetor com FPS conhecido.

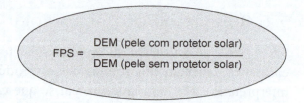

Figura 7.10 - Fórmula para determinação do FPS de um produto pela indústria cosmética.

Exemplo

Por quanto tempo um usuário de protetor com FPS 15 está protegido da radiação UVB, considerando-se que sua DEM sem proteção é 10 minutos?

Solução

Substituindo os valores dados no enunciado na fórmula:

$$FPS = \frac{DEM \text{ (pele com protetor solar)}}{DEM \text{ (pele sem protetor solar)}} \rightarrow 15 = \frac{DEM \text{ (pele com protetor solar)}}{10} \rightarrow$$

DEM (pele com protetor solar) = 15 x 10

DEM (pele com protetor solar) = 150 minutos

Tendo compreendido que os valores de FPS estão relacionados ao tempo, você pode estar se perguntando por que já ouviu que os protetores com FPS acima de 30 são todos iguais. Essa consideração é feita por conta da capacidade de proteção dos protetores solares de acordo com a quantidade de filtros utilizados e, consequentemente, o FPS. Para facilitar o entendimento, observe os valores dados na Tabela 7.4.

Tabela 7.4 - Capacidade de proteção de acordo com o FPS

FPS	Proteção (%)
2	50
4	75
8	87,5
15	93,3
20	95
25	96
30	96,6
40	97,5
50	98
64	99

A porcentagem de proteção oferecida por um FPS 15 é 93,3% e a de um FPS 30 é 96,6%. Portanto, mesmo duplicando o valor do FPS (ou seja, duplicando *o tempo* de proteção), a capacidade de proteção aumenta pouco. Assim, ao utilizar um cosmético com FPS 15, teremos cerca de 6,7% de radiação UVB entrando na nossa epiderme, ao passo que, ao utilizar FPS 30, teremos cerca de 3,4% de radiação UVB entrando na nossa epiderme.

Como essa diferença tende a ser cada vez menor à medida que aumentamos o valor do FPS, generaliza-se que acima de 30 são todos iguais. Logo, considera-se a porcentagem de radiação UVB que entrará na pele, mas não o tempo de duração do protetor solar sobre ela.

É importante saber que esses valores de tempo levam em consideração o produto realmente sobre o local a ser protegido (pele, cabelos, lábios). À medida que o usuário transpira ou faz qualquer atividade que possa remover esse produto do local de proteção, esse valor não será o mesmo. Por isso, é muito importante o retoque do produto não apenas após o tempo de ação do produto, mas também sempre que se perceba que algo possa tê-lo removido.

> **Amplie seus conhecimentos**
>
> O conceito de FPS (ou SPF, *sun protection factor*) foi desenvolvido pelo professor Franz J. Greiter, tendo sido adotado em 1978 pela FDA e mantido até hoje.
>
> Franz também foi responsável pela criação de um dos primeiros protetores solares eficazes, em 1938, época em que ainda era um estudante de química.

7.5.3.2 Proteção contra UVA

Da mesma forma que discutimos a sigla FPS para indicar a proteção contra a radiação UVB, discutiremos a sigla PPD para indicar a proteção contra a radiação UVA. A sigla PPD significa *persistent pigment darkening*, já que a radiação UVA é pigmentógena, sendo a responsável pela pigmentação tardia e/ou persistente que aparece na pele, horas após a exposição ao sol.

Exemplo

Qual deve ser o valor mínimo para o PPD de um protetor solar, com filtros para UVA e UVB, cujo FPS é 15?

Solução

Segundo a Comunidade Europeia, o valor mínimo para o PPD de um produto deve ser 1/3 do valor de seu FPS. Considerando um protetor solar, cujo FPS é 15, teremos:

$$PPD_{mínimo} = 1/3 \times FPS \Rightarrow PPD_{mínimo} = 1/3 \times 15$$

$$PPD_{mínimo} = 5$$

O teste para a determinação do PPD de um produto cosmético é muito semelhante ao teste de determinação do FPS. No entanto, para FPS, a análise do eritema é feita imediatamente após o término do tempo da exposição à radiação UVB da luz artificial. Para a determinação do PPD, por sua vez, espera-se de 2 a 4 horas após o término do teste, para verificar o efeito pigmentógeno provocado pela exposição à radiação UVA da luz artificial. Segundo a Comunidade Europeia, o valor mínimo para o PPD deve ser de um terço do valor do FPS.

No entanto, para a radiação UVA, existem outras formas de indicar a proteção nos rótulos dos protetores solares. Há empresas que adotam a indicação por porcentagem; outras adotam a representação com cruz (+). A porcentagem é um entendimento direto, ou seja, 97% de proteção UVA indica que apenas 3% de radiação UVA está alcançando a nossa derme. Já a representação com a cruz não indica um valor específico e sim um nível de proteção.

Como a radiação UVA também é danosa à pele, o desenvolvimento de fotoprotetores atuais visa à obtenção de produtos com proteção UVA e UVB. Assim, é comum encontrar fotoprotetores que atendam a essas duas necessidades de proteção.

Tabela 7.5 - Representação de proteção contra UVA utilizando o esquema da cruz

	Proteção
+	Baixa
+ +	Média
+ + +	Alta
+ + + +	Máxima

7.5.4 Formas de apresentação

No Capítulo 4, aprendemos sobre os principais componentes de um produto cosmético. Portanto, o leitor é capaz de compreender que, em qualquer protetor solar, os componentes principais que não poderão faltar são os ativos e os veículos. Considerando que a função principal de um protetor solar é proteger a pele por meio da ação dos filtros solares químicos e/ou físicos, conclui-se que os filtros são os ativos da formulação dos protetores solares. Já os veículos serão responsáveis por distribuir esses ativos na superfície cutânea, e ainda determinarão a forma de apresentação desse cosmético.

Embora diversos veículos sejam utilizados na formulação dos protetores solares, alguns são elaborados com maior frequência, como as soluções hidroalcoólicas, as emulsões e os géis. As soluções hidroalcoólicas são compostas, basicamente, de água e álcool, apresentando ótima espalhabilidade e secagem rápida, deixando apenas os filtros sobre a pele. As emulsões geralmente não apresentam o toque seco, visto que apresentam componentes oleosos na formulação. Em contrapartida, permitem melhor associação de filtros, visto que poderão conter filtros hidro e lipossolúveis. O gel é uma forma de apresentação com características hidrofílicas, logo, permite a utilização de filtros com polaridade polar (hidrossolúveis).

A Tabela 7.6 traz um resumo das características dos protetores solares de acordo com a forma de apresentação e os tipos de pele mais indicados.

Tabela 7.6 - Formas de apresentação dos protetores solares

Forma de apresentação	Características	Indicação
Solução hidroalcoólica	Fluido com secagem rápida e toque seco Não é muito fabricada em razão da baixa estabilidade de filtros nessa solução	Peles lipídicas, mistas e/ou acneicas
Gel	Deixa película de gel sobre a pele. Pode ou não ter toque agradável, dependendo da qualidade de alguns componentes, como o agente espessante	Peles lipídicas, mistas e/ou acneicas
Sérum	Sensorial leve por ser um soro. Possui secagem rápida	Todos os tipos de pele (com destaque para as lipídicas, mistas e/ou acneicas, devido ao baixíssimo teor de óleo e sensorial leve) Capilar e corporal
Emulsão	Geralmente mais gordurosos, visto que a maioria é A/O. Quanto à consistência, pode ser leite, loção ou creme	Peles normais a alipídicas (no caso de emulsões O/A, poderão ser indicadas para peles mistas) Capilar e corporal
Pó	Toque seco e geralmente aveludado	Peles lipídicas, mistas e/ou acneicas
Spray	Toque seco e geralmente sensação de refrescância	Capilar e corporal
Stick	Bastão com aspecto gorduroso	Lábios

É importante citar, ainda, que, com o advento dos cosméticos multifuncionais, há uma variedade de cosméticos fotoprotetores com outros benefícios cosméticos, como hidratação, ação antioxidante, controlador de oleosidade, firmador e maquiagem. Dessa forma, sempre será possível encontrar um produto que atenda as necessidades do cliente e até mesmo supere suas expectativas.

Vamos recapitular?

Este capítulo trouxe ao leitor importantes conhecimentos sobre o mundo dos protetores solares, desde sua origem até a atualidade.

Para isso, apresentaram-se os efeitos das radiações UV na pele e nos cabelos, os tipos de filtros solares e seus mecanismos de ação, a capacidade de proteção e suas indicações nos rótulos dos protetores solares e, por fim, a relação da forma de apresentação com as características sensoriais e indicações.

Após finalizarmos o ciclo dos cuidados básicos (higienização, esfoliação, tonificação, hidratação e proteção solar), iniciaremos no próximo capítulo o ciclo dos cuidados específicos, enfocando os diferentes tipos e subtipos de pele.

Agora é com você!

1) Discutiu-se, no início do capítulo, que a radiação UV tem muitos benefícios para a saúde do organismo. No entanto, o problema está no excesso da exposição a essas radiações. Considerando um cliente cujo trabalho é em ambiente interno, ou seja, está mais exposto à radiação do tipo UVA, responda os itens a seguir:

   a) Quais os principais danos que ocorrerão na pele desse cliente?

   b) Nesse ambiente interno, ele está intensificando a probabilidade de câncer de pele? Justifique.

   c) Como ele poderá saber se o protetor solar eficaz para o seu caso contém filtros de proteção contra a radiação UVA?

2) Um teste para determinação do FPS de um produto cosmético foi executado com 10 voluntários. Utilizando os dados da Tabela 7.7, calcule o valor do FPS do protetor solar analisado.

Tabela 7.7 - Resultados fictícios de um teste de índice de fotoproteção UVB

Voluntário	DEM* (sem proteção)	DEM (com proteção)
1	15	450
2	8	240
3	5	150
4	8	248
5	13	377
6	10	300
7	10	302
8	11	329
9	5	150
10	13	390

*DEM: Dose eritematógena mínima (em minutos)

Tipos e Subtipos de Pele

Para começar

Os cuidados básicos descritos nos capítulos anteriores devem ser realizados em todos os tipos e subtipos de pele. Em alguns casos, existem determinadas especificidades quanto a etapas, ativos escolhidos e formas de apresentação do cosmético necessário. Por isto, é importante que o profissional conheça os diferenciais fisiológicos dos tipos e subtipos de pele, além das principais ações dos ativos eficazes para os cuidados com a pele.

8.1 Diferenciais fisiológicos da pele

Os diferenciais fisiológicos da pele são resultados de uma série de fatores intrínsecos e extrínsecos. Como fatores intrínsecos, destacam-se as atividades das glândulas sebáceas e sudoríparas, visto que a principal classificação utilizada nos tratamentos faciais baseia-se nos teores de óleo e água presentes na pele.

As variações cutâneas baseadas no teor de óleo da pele, ilustradas na Figura 8.1, são as mais importantes para o mercado estético. Dependendo desse teor, poderão surgir subtipos de pele. Com base no teor de óleo, os tipos de pele são: lipídico (quando excessivamente, chamado seborreico), misto, alipídico (ou alípico) e eudérmico. Os subtipos principais podem se dividir em acneico, sensível, desidratado e envelhecido pelo sol.

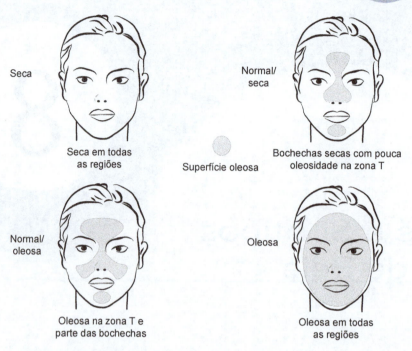

Figura 8.1 - Representação dos tipos de pele de acordo com o teor de óleo.

8.1.1 Pele lipídica

A pele lipídica é a pele do tipo oleosa. Apresenta hiperatividade das glândulas sebáceas, resultando em óstios dilatados, aspecto untoso, brilhoso, irregular, granuloso e espesso. Esses dois últimos aspectos se devem à hiperqueratinização, fenômeno comum nas peles lipídicas. Essa hiperqueratinização acaba por obstruir os óstios, ocasionando uma seborreia não fluente, com a possível formação de comedões.

Quanto à hidratação, esse tipo de pele geralmente se encontra hidratado. O excesso de óleo na superfície das peles lipídicas funciona como uma barreira, dificultando a perda de água transepidérmica. Contudo, é possível haver desidratação em peles oleosas. A hidratação está associada à água e é a sua falta que leva ao subtipo de pele desidratada. Se, por algum motivo, a pele lipídica sofrer perda de água, poderá vir acompanhada das características de pele desidratada.

Outra característica comum das peles lipídicas é que esse tipo de pele tende a um envelhecimento cutâneo tardio. O envelhecimento cutâneo, como será visto adiante, está relacionado a uma série de fatores, sobretudo questões genéticas e relacionadas ao estilo de vida. O fato de as peles lipídicas geralmente estarem hidratadas pode influenciar muito essa característica.

Para os cuidados com esse tipo de pele, são necessárias as seguintes ações: ação controladora de oleosidade, ação queratolítica, ação antisséptica e protetora. Os controladores de oleosidade são classificados em adstringentes, matificantes e inibidores enzimáticos.

Quanto às formas de apresentação indicadas, destacam-se os géis, as soluções hidroalcoólicas, os séruns e os pós. No caso das emulsões, algumas empresas produzem cremes, loções, leites ou *mousses* O/A, indicando-os para peles lipídicas. Parece estranho, visto que eles contêm óleo. No entanto, essas empresas formulam emulsões leves (com baixo teor de óleo) garantindo a eficácia em peles lipídicas. Portanto, deve-se seguir a indicação do rótulo, mas, se possível, testar o toque do produto. Caso esse sensorial esteja oleoso, não se deve utilizá-lo, pois pode-se agravar o quadro lipídico da pele do cliente. Isso é comum nos cosméticos para todos os tipos de pele.

8.1.2 Pele mista

A pele do tipo mista apresenta características da pele lipídica apenas na chamada zona T (testa, nariz e queixo). O restante da pele pode apresentar-se alipídico ou eudérmico.

As ações dos ativos e as formas de apresentação indicadas para pele mista seguem as de pele lipídica. A única característica diferente da formulação é que os produtos para peles mistas geralmente trazem mais ativos de hidratação ou um teor de substância graxa maior que os produtos de pele lipídica.

Embora existam cosméticos para pele mista, alguns especialistas orientam que as pessoas com esse tipo de pele utilizem produtos cosméticos específicos para cada área da pele. Nas zonas lipídicas, deve-se utilizar cosmético para pele oleosa, mas nas zonas alipídicas recomendam-se cosméticos para pele seca.

8.1.3 Pele alipídica

Esse tipo de pele é vulgarmente conhecido como pele seca. A maioria das pessoas associa a pele seca diretamente à pele desidratada, ou seja, à falta de água. Isso é um equívoco. A pele alipídica apresenta hipoatividade de suas glândulas sebáceas. Como consequência desse baixo teor de óleo, os óstios são pouco visíveis e a pele mostra-se opaca. Quando desidratada, apresenta aspereza e descamação.

Como a pele desse tipo não possui excesso de óleo que funcione como barreira para a saída de água, tende a estar geralmente desidratada, visto que perde água transepidérmica com maior facilidade. Esse excesso de óleo na superfície do estrato córneo não é a única garantia de pele hidratada; logo, é possível encontrarmos pessoas com pele alipídica e hidratada, ou seja, com baixo teor de óleo na pele, mas teor de água equilibrado.

Considerando as pessoas com pele seca que geralmente vem acompanhada de desidratação, pode-se notar que sua pele provavelmente apresentará um quadro de envelhecimento cutâneo relativamente mais cedo. É importante lembrar que, como já citado, o envelhecimento cutâneo está relacionado a uma série de fatores, considerando principalmente as questões genéticas e o estilo de vida. Assim, não é simplesmente a falta de óleo e/ou água da pele que ocasionará um envelhecimento cutâneo precoce.

Quanto aos ativos utilizados para cuidados básicos desse tipo de pele, destacam-se os ativos hidratantes de ação emoliente com características lipídicas, os ativos de hidratação intracelular, os renovadores epidérmicos e protetores.

As formas de apresentação dos cosméticos indicados para as peles alipídicas são, principalmente, emulsões A/O, podendo ser creme, loção, leite ou *mousse*.

8.1.4 Pele eudérmica

A pele eudérmica é conhecida como pele normal. Esse tipo de pele apresenta atividade normal quanto às glândulas sebáceas e sudoríparas, resultando em uma produção equilibrada do manto

Tipos e Subtipos de Pele

hidrolipídico, o que assegura uma série de benefícios para essa pele, como hidratação, aspecto saudável, brilho natural (diferente do brilho oriundo do óleo em excesso), textura macia, óstios pouco visíveis, pele lisa e espessura adequada (é uma pele firme, mas sem hiperqueratinização). Portanto, é a pele idealizada pela maioria das pessoas, visto que, em geral, está presente apenas na infância.

Dezenas de fatores, como clima, poluição, estresse, uso inadequado de cosméticos, alimentação e até mesmo variações do próprio metabolismo, alteram nosso estado cutâneo, tirando-nos da zona de normalidade.

Os cosméticos para pele eudérmica visam manter o estado de normalidade. Não devem conter substâncias com alta capacidade de adstringência ou óleos em excesso. As ações dos ativos eficazes para cuidados básicos desses tipos de pele baseiam-se em emoliência suave, higroscopia ativa e proteção.

8.1.5 Pele acneica

A pele acneica é um subtipo que geralmente acompanha as peles lipídicas e mistas. Esse subtipo caracteriza-se pela presença das lesões acneicas como comedões, pápulas, pústulas, nódulos e/ou cistos.

De acordo com o tipo e a quantidade de lesões acneicas, haverá uma classificação do grau da acne. Assim, uma pele acneica que possua apenas comedões é classificada como grau I.

Os ativos e o tratamento utilizado nas peles acneicas também poderão variar segundo o grau da acne. De forma geral, os ativos utilizados são controladores de oleosidade, queratolíticos, renovadores epidérmicos, antissépticos, anti-inflamatórios, cicatrizantes e calmantes.

Quanto às formas de apresentação mais indicadas, pode-se considerar os géis, os séruns, as soluções hidroalcoólicas e os pós. Assim como foi citado na descrição da pele lipídica, é importante reforçar que, no caso das emulsões, algumas empresas produzem cremes, loções, leites ou *mousses* O/A e os indicam para peles acneicas. Embora pareça errado, visto que eles contêm óleo, isso é possível, considerando fórmulas com emulsões leves (com baixo teor de óleo) garantindo a eficácia em peles acneicas. Portanto, deve-se seguir a indicação do rótulo, mas, se possível, testar o toque do produto. Caso esse sensorial esteja oleoso, não se deve utilizá-lo, pois é possível agravar o quadro lipídico da pele do cliente e, consequentemente, o quadro acneico. Isso é comum nos cosméticos para todos os tipos de pele.

Fique de olho!

A acne grau I é conhecida como acne primária, não inflamatória. Em contrapartida, existe a acne inflamatória, que apresenta lesões que vão além dos comedões. Os diferentes graus de acne, suas características e os ativos indicados para seu tratamento serão apresentados no próximo capítulo.

8.1.6 Pele sensível

A pele sensível também não constitui um tipo de pele, mas sim um subtipo que pode acompanhar qualquer tipo de pele: lipídica, mista, alipídica ou eudérmica. Esse subtipo resulta do aumento da atividade do sistema neurovegetativo, o que ocasionará maior excitação das terminações nervosas da pele. Caracteriza-se pelo aspecto avermelhado (provocado pela vascularização superficial intensa), com frequente irritação, sensação de ardor, repuxamento e fragilidade ao utilizar produtos cosméticos. Segundo Periotto (2008), a pele sensível pode ser conceituada como um estado de hiper--reatividade cutânea. Pessoas com esse estado cutâneo, após utilizarem produtos cosméticos, têm sensações de queimadura, ardência ou coceira, sem apresentar sinais visíveis de inflamação na pele.

Os fatores que podem ocasionar a pele sensível são o clima natural (sol intenso, calor, frio, vento) ou provocado por ar-condicionado (atmosfera com baixa temperatura e baixa umidade), poluição atmosférica, hábitos inadequados como excesso de banhos, principalmente se estes forem quentes e com higienizantes excessivamente adstringentes e/ou com pH elevado (alcalinos). Para algumas pessoas, procedimentos mecânicos como esfoliação, depilação ou o simples ato de barbear podem provocar sensibilidade cutânea. No entanto, as peles sensíveis também podem estar relacionadas a fatores genéticos e a uma redução da atividade das glândulas sebáceas e sudoríparas. Por isso, são mais comuns em peles alipídicas (que não contam com a proteção do manto hidrolipídico). Para piorar, geralmente apresentam aspecto fino, o que as torna ainda mais sensíveis ao uso de produtos. Enfim, diversos são os fatores relacionados que influenciam uns aos outros, mas a combinação de um ou mais desses fatores poderá provocar o aparecimento da pele sensível.

As regiões do corpo onde esse subtipo de pele é mais comum são as regiões mais expostas, ou seja, a face e as mãos. Isso pode acontecer em qualquer fase da vida, tanto em homens quanto em mulheres.

Pode haver consequências em longo prazo para o indivíduo que apresenta o quadro sensível, como aspecto cutâneo precocemente envelhecido. Esse aspecto decorre da grande atividade sofrida pela pele ao longo do tempo, incluindo atividades de defesas e adaptação.

Os cosméticos recomendados para esse subtipo de pele são, geralmente, aqueles com menor concentração de princípios ativos e/ou com ativos específicos para essas condições. Destacam-se os ativos calmantes, anti-inflamatórios, vasoprotetores e agentes protetores da epiderme, capazes de melhorar a barreira hidrolipídica da epiderme. Nas formulações de cosméticos para peles sensíveis, não devem ser utilizados vasodilatadores e hiperemiantes, visto que são significativamente sensibilizantes.

Considerando as formas de apresentação, as soluções hidroalcoólicas não devem ser utilizadas. As demais podem, desde que mencionado no rótulo: "Produto para pele sensível".

8.1.7 Pele desidratada

A pele desidratada também é conhecida como pele ressecada. Suas principais características, como aspereza, craquelamento e descamação, resultam da falta de água na pele. Essa falta pode ser superficial, na epiderme, ou decorrer de uma falta de água mais profunda, na derme. Em geral, esse subtipo acompanha as peles alipídicas, visto que a falta de óleo na superfície epidérmica favorece a perda de água transepidérmica.

Os cosméticos para pele desidratada contêm ativos com propriedades hidratantes. Como apresentado no Capítulo 6, as propriedades hidratantes podem ser dadas por emolientes, umectantes ou hidratantes que agem por higroscopia ativa (intracelular).

A forma de apresentação deve ser escolhida de acordo com o tipo de pele, ou seja, pele lipídica, mista, alipídica ou eudérmica.

Muitas pessoas acreditam que peles lipídicas, mistas e/ou acneicas não necessitam de hidratação, visto que possuem óleo em excesso. É preciso ter cuidado com essas falsas afirmações. Desidratação indica falta de água, e não falta de óleo; logo, uma pele com excesso de substâncias graxas pode apresentar um desequilíbrio no teor hídrico (como já citado neste capítulo). Portanto, peles lipídicas, mistas e/ou acneicas necessitam de hidratação, visto que esse cuidado básico estará repondo ou mantendo o teor de água na pele.

Há também um grupo de pessoas que acredita que peles lipídicas, mistas e/ou acneicas não podem ser hidratadas porque os cosméticos hidratantes são oleosos. Eis outro engano. De fato, existe uma série de cosméticos hidratantes que são oleosos e certamente prejudicarão as peles que já tenham elevado teor de lipídios, devendo ser utilizados pela população com peles alipídicas. No entanto, as peles lipídicas, mistas e/ou acneicas podem e devem ser hidratadas com ativos hidratantes dispersos em uma forma de apresentação como gel, sérum e até mesmo pó. No caso de emulsões, só devem ser utilizadas aquelas do tipo O/A, mesmo assim com reduzido teor de óleo, aspecto leve e não comedogênico. Ou seja, a emulsão deve ser específica para peles com características lipídicas. Deve-se atentar aos hidratantes faciais para todos os tipos de pele, cuja probabilidade de resultar em sensorial oleoso é considerável.

8.1.8 Pele fotoenvelhecida

A pele envelhecida de forma cronológica, ou seja, pela ação do tempo, é algo natural pelo qual todas as pessoas estão passando. No entanto, um subtipo que vem acompanhando os tipos de pele cada vez mais cedo é a pele fotoenvelhecida. Esse subtipo de pele, que será estudado de forma detalhada no Capítulo 10, é resultado da exposição ao sol de forma abusiva, sem a devida proteção.

Os aspectos de envelhecimento cutâneo precoce representam as características da pele fotoenvelhecida. Rugosidades, flacidez cutânea e discromias precoces resumem as principais características desse subtipo de pele, que ainda pode vir acompanhado de um aspecto espesso decorrente do aumento da espessura do estrato córneo da epiderme. Casos mais severos podem resultar no aspecto "romboide", ilustrado na Figura 8.2.

Figura 8.2 - Pele com aspecto romboide.

As ações dos ativos para o tratamento dessas características são principalmente regeneradoras da derme e da epiderme, além dos agentes que poderão atuar nas discromias e os tensores na flacidez. As formas de apresentação devem ser escolhidas de acordo com o tipo de pele.

8.2 Ativos indicados

Como explicado no Capítulo 4, os ativos são componentes responsáveis pela ação de um cosmético. Logo, tam-

> **Lembre-se**
> Atente-se aos cosméticos faciais para todos os tipos de pele. Eles têm considerável probabilidade de resultar em sensorial oleoso. Verifique sempre que possível!

bém é realizada uma seleção de ativos para cada tipo e/ou subtipo de pele, de acordo com a necessidade dessa pele.

As principais ações dos ativos utilizados em cosméticos para cuidados básicos compreendem funções como adstringência, efeito mate, inibição enzimática, ação queratolítica, renovação celular, efeito antisséptico, anti-inflamatório, cicatrizante, calmante, emoliência, umectação, hidratação ativa e proteção. Nos itens a seguir, essas ações serão descritas, fornecendo os respectivos exemplos de ativos.

8.2.1 Adstringentes

Os ativos adstringentes são capazes de remover o excesso de óleo da superfície cutânea. Para esse tipo de pele, é importante eliminar o excesso de lipídios sem agredir a glândula sebácea (devem ser evitados higienizantes muito alcalinos ou muito alcoólicos). Devem-se preferir os cosméticos com adstringentes suaves (como alguns extratos vegetais que possuam a função de adstringência). Além de remover o excesso da oleosidade, o ativo adstringente pode contribuir para a redução do calibre dos óstios dilatados.

> **Lembre-se**
>
> Como visto no Capítulo 6, adstringentes são capazes de contrair os tecidos orgânicos, reduzindo o calibre dos óstios, devido à reação entre as substâncias adstringentes e as proteínas celulares. Isso resulta em um processo inflamatório, promovendo a dilatação de pequenos vasos na derme, com ligeiro edema e aumento do líquido no espaço intersticial. Com o aumento de volume dos orifícios pilossebáceos dilatados, estes ficarão menos visíveis.

Esses ativos com propriedades adstringentes são incorporados, preferencialmente, no higienizante, no esfoliante, no tônico e nas máscaras, com indicação para peles lipídicas, mistas e/ou acneicas.

8.2.2 Matificantes

Os ativos matificantes são responsáveis pelo efeito mate, produzido por alguns cosméticos. Esse efeito mate é o efeito sem brilho. Trata-se de uma ação superficial no estrato córneo, ou seja, as glândulas sebáceas não têm a produção de sebo alterada pela ação desse ativo. O brilho é minimizado porque o óleo excretado pelas glândulas sebáceas fica adsorvido nas partículas do ativo matificante. Desta forma, pode-se dizer que o óleo fica "escondido" dentro do ativo matificante; logo, não será visualizado na superfície da pele.

As partículas dos ativos matificantes têm capacidade limitada de adsorver o óleo excretado, ou seja, determinada duração para o efeito mate desejado. Esse tempo depende da qualidade do ativo e da atividade das glândulas sebáceas do usuário do cosmético. Quanto maior a atividade das glândulas sebáceas, menor a duração do efeito mate.

Esses ativos matificantes devem ser adicionados aos cosméticos que permaneçam sobre a pele, como tônicos, hidratantes, protetores solares e maquiagens. As partículas adsorventes de óleo devem permanecer sobre a epiderme para que possam adsorver o óleo à medida que ele seja excretado. Quando essas partículas ficarem saturadas de óleo, a pele voltará a brilhar. Deve-se, então, reaplicar o cosmético matificante. Como o óleo continua na superfície cutânea, não há risco de efeito rebote em relação à produção de óleo.

Existem, ainda, os papéis absorventes com ação matificante. Esses papéis possuem, além das próprias propriedades absorventes, uma pequena quantidade dessas partículas matificantes distribuídas na sua superfície. Quando o usuário utilizar esse papel para remoção do excesso de óleo da superfície da pele, as partículas matificantes serão depositadas sobre ela, mantendo-a sem brilho por algumas horas. Esses papéis podem ser utilizados sempre que necessário.

8.2.3 Inibidores enzimáticos

Os inibidores enzimáticos também pertencem ao grupo dos ativos cosméticos controladores de oleosidade. No entanto, os ativos com essa ação podem ser considerados os controladores mais eficazes por não atuarem simplesmente na superfície cutânea, como os adstringentes e os matificantes. Eles atuam na atividade das glândulas sebáceas, normalizando a produção do sebo.

Esses ativos são capazes de inibir a ação da enzima 5-alfa-redutase, capaz de catalisar a conversão da testosterona em di-hidrotestosterona (DHT). O DHT é um hormônio androgênico mais potente que a testosterona em relação à produção de sebo. Portanto, ao inibir a enzima 5-alfa--redutase, minimiza-se a produção de DHT e, consequentemente, a produção de sebo também será reduzida.

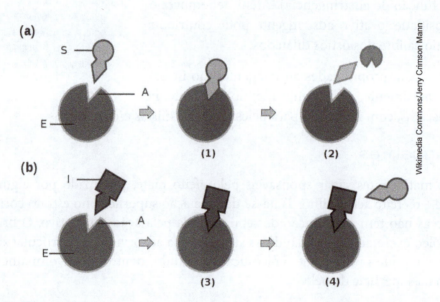

Figura 8.3 - Diagrama de inibição enzimática competitiva. (a) reação normal; (b) inibição. S: substrato; E: enzima; I: inibidor; A: centro ativo. (1) O substrato liga-se à enzima; (2) a enzima libera produtos; (3) o inibidor liga-se à enzima; (4) o inibidor compete com o substrato.

Os ativos com a propriedade de inibição enzimática são indicados para peles com hiperatividade das glândulas sebáceas, ou seja, peles lipídicas, mistas e/ou acneicas. Devem ser incorporados em cosméticos que ficarão, ao menos, certo tempo na pele, como máscaras, hidratantes, maquiagens ou protetores solares, garantindo a chegada desses ativos à glândula sebácea. Dependendo da tecnologia utilizada na fabricação desse ativo, ele também poderá ser incorporado em cosméticos de ação rápida, como higienizantes, esfoliantes e tônicos.

A Tabela 8.1 contém exemplos dos três tipos de controladores de oleosidade: adstringentes, matificantes e inibidores enzimáticos.

Tabela 8.1 - Exemplos de ativos controladores de oleosidade

Adstringentes	Matificantes	Inibidores enzimáticos
Ácido glicólico	Argila	Ácido salicílico
Ácido salicílico	Asebiol	Asebiol
Alecrim	Azeloglicina	Azeloglicina
Argila	*Dry-flo Pure*	Biossulfur
Asebiol	*Matipure*	Citobiol íris
Bardana	Microesponjas	*Cucurbita pepo*
Biossulfur	Nitrato de boro	Gluconolactona de zinco
Caulim	*Sebaryl*	Sabal
Cytobiol bardane	Sheron	*Sebaryl*
Copaíba	Sulfato de zinco	*Sebonormine*
Enxofre	*Tephrosia purpurea*	*Sebustop*
Extrato de abacaxi		Semente de abóbora
Extrato de chá-verde		*Tri-def*
Hamamélis		*Zincidone*
Hortelã		Zinco
Quiuí		
Limão		
Salix nigra		
Sálvia		
Sebaryl		
Sebustop		
Sulfato de zinco		
Tomilho		

8.2.4 Queratolíticos

Os ativos queratolíticos atuam sobre os queratinócitos presentes na pele, sendo capazes de dissolver a queratina do estrato córneo, como ilustra a Figura 8.4. Esses ativos são muito eficazes para a melhora do aspecto de peles espessas por hiperqueratinização, afinando-as.

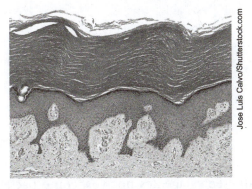

Figura 8.4 - Corte mostrando ação queratolítica através da dissolução da formação actínica no estrato córneo.

Tabela 8.2 - Exemplos de substâncias com propriedades queratolíticas

Queratolíticos
Ácido glicólico
Ácido retinoico
Ácido salicílico
Enxofre
Gluconolactona
Peróxido de benzoíla
Resorcina
Retinol

Dependendo da concentração utilizada, podem ser incorporados aos cosméticos de uso diário, impedindo que a pele adquira aspecto espesso ou até mesmo removendo o excesso de queratina aos poucos. Quando em concentração mais alta, esses ativos estarão presentes nos cosméticos utilizados em protocolos semanais, quinzenais ou mensais.

Para promover a renovação da epiderme, os ativos queratolíticos podem ser utilizados em todos os tipos de pele. No entanto, eles são mais comuns em cosméticos para peles lipídicas, mistas e/ou acneicas. No caso das peles acneicas, são muito úteis para a remoção das chamadas "rolhas de queratina" (queratose óstio-folicular).

8.2.5 Antissépticos

Os ativos antissépticos são capazes de prevenir o crescimento de micro-organismos ou des-truí-los, quando aplicados ao tecido vivo. Podem ser chamados de bacteriostáticos, quando apenas inibem a ação dos micro-organismos, e de bactericidas, quando destroem os micro-organismos. A Tabela 8.3 traz exemplos de substâncias com propriedades antissépticas.

Os mecanismos de ação dos antissépticos podem envolver a desnaturação das proteínas, a rup-tura osmótica das células ou interferir em processos metabólicos específicos. No caso da desnatura-ção e da ruptura osmótica, provavelmente haverá ação bactericida. As interferências nos processos metabólicos provocam efeito bacteriostático, visto que afetarão o crescimento e a reprodução celular.

O antisséptico ideal deve ser atóxico para os seres humanos, reagindo apenas com os micro--organismos. Deve, ainda, ser estável à temperatura ambiente.

Os ativos antissépticos costumam estar presentes em formulação para peles lipídicas, mistas e/ou acneicas, visto que esses tipos de pele representam o substrato perfeito para a presença de micro--organismos.

O controle da quantidade e atividade das bactérias na pele evita uma série de problemas que podem variar desde uma irritação até o aparecimento de lesões acneicas inflamatórias.

Tabela 8.3 - Exemplos de substâncias com propriedades antissépticas

Antissépticos		
Ácido bórico	Copaíba	Menta
Ácido salicílico	Enxofre	Própolis
Alfa-bisabolol	Extrato de abacaxi	Resorcina
Azuleno	Extrato de chá-verde	Sulfato de zinco
Bardana	Hortelã	Tomilho
Bearberry	Lavanda	Triclosan
Bioecolia	*Lemongrass*	Zincidone
Calêndula	Melaleuca	

8.2.6 Anti-inflamatórios

A inflamação pode ser provocada pela ação de diferentes agentes nocivos, como bactérias e toxinas, em tecido vascularizado.

As substâncias com ação anti-inflamatória são capazes de reduzir processos infecciosos no organismo. De forma geral, os ativos anti-inflamatórios agem inibindo a enzima que acelera a pro-dução de substâncias que provocam a inflamação. A Tabela 8.4 traz exemplos de substâncias com propriedades anti-inflamatórias.

Tabela 8.4 - Exemplos de substâncias com propriedades anti-inflamatórias

Anti-inflamatórios		
Ácido glicirrízico	Azuleno	Hamamélis
Ácido salicílico	Bardana	Nicotinamida
Alfa-bisabolol	Calêndula	Portulaca
Aloe vera	Camomila	Própolis
Arnica	Enxofre	Tília
Alcaçuz	Extrato de abacaxi	

A maior parte desses ativos é utilizada em cosméticos para pele acneica em graus inflamatórios, mas eles também poderão aparecer em cosméticos para peles lipídicas, mistas, sensíveis e envelhecidas pelo sol. São muito comuns, também, em cosméticos corporais (para celulite e estrias).

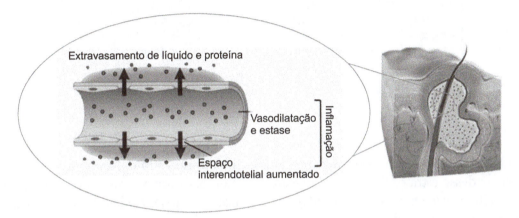

Figura 8.5 - Esquema representando alterações no tecido com inflamação.

Podem ser utilizados em diversos cosméticos e em diferentes fases de tratamento, desde cuidados básicos até os específicos.

8.2.7 Cicatrizantes

Os ativos cicatrizantes estimulam a renovação celular. Esse estímulo deve ser fisiologicamente equilibrado; caso contrário, poderá aparecer uma cicatriz permanente. Quando o estímulo é menor do que deveria ser, forma-se uma depressão no local; quando o estímulo é maior, aparece uma cicatriz elevada.

As substâncias com ação cicatrizante são muito utilizadas em cosméticos para pele acneica, visto que esse subtipo de pele apresenta lesões que necessitam de cicatrização efetiva, evitando assim as cicatrizes permanentes. A Tabela 8.5 traz exemplos de substâncias com propriedades cicatrizantes.

Tabela 8.5 - Exemplos de substâncias com propriedades cicatrizantes

Cicatrizantes		
Ácido lactobiônico	Aloe vera	Girassol
Ácido salicílico	Argila verde	Melaleuca
Alantoína	Azuleno	Pantenol
Alfa-bisabolol	Calêndula	Própolis
Algas marinhas	Copaíba	

8.2.8 Calmantes

Os ativos calmantes são indicados para redução de eritemas, comuns em peles irritadas ou sensíveis. Na cosmetologia há uma variedade de máscaras calmantes utilizadas, principalmente, em protocolos de limpeza de pele, na etapa pós-extração.

Esses ativos também são adicionados nos cosméticos para pele acneica de uso diário, podendo aparecer no higienizante, no tônico, no hidratante e no protetor solar, por exemplo. A Tabela 8.6 contém exemplos de substâncias com propriedades calmantes.

Tabela 8.6 - Exemplos de substâncias com propriedades calmantes

Calmantes		
Ácido glicirrízico	Alteia	Lúpulo
Alantoína	Betaglucan	Malva
Alcaçuz	Calêndula	Melissa
Alface	Camomila	Portulaca
Alfa-bisabolol	Lavanda	Tília
Aloe vera		

8.2.9 Emolientes

As substâncias emolientes promovem o amolecimento do estrato córneo, reduzindo a coesão entre as células desse estrato. Em razão desse amolecimento, os ativos emolientes são muito utilizados nos cosméticos pré-extração dos protocolos de limpeza de pele. Após o tempo de ação, a extração dos comedões é favorecida.

Além desse uso como auxiliar nos processos de extração de comedões, as substâncias emolientes podem ser adicionadas em cosméticos de uso diário com propriedades hidratantes, deixando uma película sobre a pele e preservando o teor de água transepidérmica.

Essa película também pode conferir toque agradável para os produtos cosméticos. Existem emolientes que resultam em sensorial desagradável (pegajoso, oleoso), por conta das concentrações utilizadas ou da má qualidade do agente emoliente.

8.2.10 Umectantes

As propriedades dos agentes umectantes resumem-se a manter a água no cosmético e na superfície da pele. Portanto, esses ativos podem ser considerados hidratantes. A manutenção da água dentro do cosmético deve-se às pontes de hidrogênio, ilustradas na Figura 8.6, que ligam as moléculas de água dentro do produto, dificultando a evaporação.

Figura 8.6 - Representação de moléculas de água ligadas pelas pontes de hidrogênio. As retas ligando as esferas representam as ligações intermoleculares reconhecidas como pontes de hidrogênio (considerando essas ligações entre moléculas de água, o átomo de hidrogênio de uma das moléculas se liga ao átomo de oxigênio de outra molécula).

Como esse produto é aplicado sobre a pele, ele continuará com suas propriedades umectantes, ou seja, manterá a água na superfície da pele, onde o cosmético foi aplicado.

Esses ativos umectantes conferem um toque final "úmido" do cosmético sobre a pele, promovendo uma sensação de transpiração, já que a pele está levemente umedecida.

8.2.11 Hidratantes intracelulares

Os hidratantes intracelulares têm capacidade higroscópica, ou seja, são capazes de absorver moléculas de água. Além disso, esses ativos também têm afinidade bioquímica com a pele e baixo peso molecular. Dessa forma, conseguem atravessar a membrana celular e/ou os poros de aquaporinas existentes na pele, como ilustra a Figura 8.7. O resultado dessa ação é água no meio intracelular das células da pele. A Tabela 8.7 traz exemplos de ativos hidratantes.

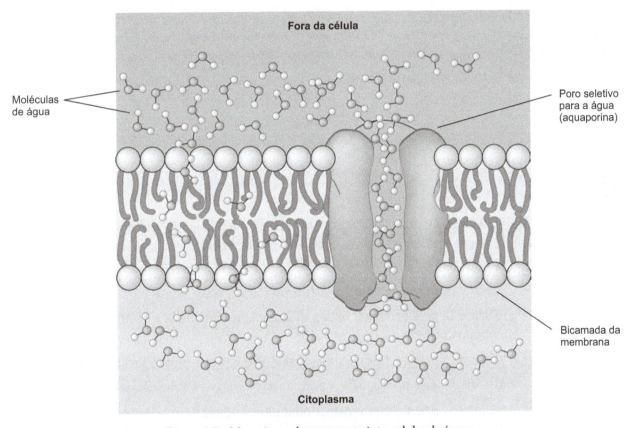

Figura 8.7 - Mecanismo do transporte intracelular de água.

Tabela 8.7 - Exemplos de ativos hidratantes

Emoliente	Umectante	Hidratante intracelular
Algas *Aloe vera* Silicones, óleos vegetais, vitamina E, vitamina A	Glicerina, sorbitol e propilenoglicol, alantoína, gluconolactona, ácido lático, papaia, ureia, algas, Hidroviton	PCA-Na, Hidroviton, aminoácidos, ácido hialurônico, hialuronato de sódio, ácido lático, alfa-hidroxiácidos, algas, alantoína, malva, ureia, *Aloe vera*, Aquasense, Aquaporine, Aquaphyline

8.2.12 Filtros solares

Os ativos cosméticos com a função de minimizar os efeitos dos raios ultravioletas sobre o nosso corpo são conhecidos como filtros solares.

Essas substâncias podem ser incorporadas aos cosméticos multifuncionais que permaneçam sobre o corpo como hidratantes, maquiagens e produtos capilares sem enxágue, por exemplo, ou ainda nos próprios protetores solares, cujo único benefício é a proteção solar.

> **Lembre-se**
> No Capítulo 7, o leitor aprendeu que existem filtros para radiação dos tipos UVA e UVB, suas formas de ação e exemplos e viu que eles podem atuar de forma física (reflexão e espalhamento) ou química (absorção da radiação UV).

> **Vamos recapitular?**
> Este capítulo descreveu as principais características dos tipos e subtipos de pele mais comuns, as indicações das formas de apresentação dos cosméticos mais adequados, além de ações e exemplos dos ativos utilizados para os cuidados básicos de todos esses diferenciais fisiológicos.
>
> A partir do próximo capítulo, a cosmetologia mostrará de forma específica como pode auxiliar nas afecções cutâneas, e não simplesmente nos cuidados básicos, como foi mencionado até o momento.

Agora é com você!

1) Após analisar as características cutâneas de cada cliente, indique: duas formas de apresentação cosmética; duas ações de ativos eficazes para essas características; e exemplos de substâncias ativas com essas respectivas funções.

   » **Cliente A:** pele opaca, fina e óstios pouco visíveis.

   » **Cliente B:** pele brilhosa, óstios dilatados, avermelhada e com ardor ao primeiro contato cosmético.

   » **Cliente C:** pele brilhosa, óstios dilatados e espessa em toda a extensão facial.

   » **Cliente D:** pele opaca, óstios pouco visíveis, áspera e descamativa.

   » **Cliente E:** pele brilhosa, óstios dilatados, espessa e com lesões acneicas inflamatórias. Todas essas características só estão evidentes na zona T.

2) Explique as possíveis formas de controle de oleosidade da pele e cite cinco substâncias ativas com cada uma dessas ações.

9

Pele Acneica

Para começar

A pele acneica é um subtipo que geralmente acompanha as peles lipídicas e mistas. No entanto, é possível evitá-la ou, ao menos, minimizar seu aspecto com o uso de ativos cosméticos que atuem nos fatores envolvidos com o seu aparecimento.

9.1 A acne

A acne é uma afecção cutânea relacionada à produção excessiva de sebo, tendo como causa principal fatores hormonais. Por isso, é comum manifestar-se na adolescência, em determinadas fases do ciclo menstrual ou em quadros clínicos severos que envolvam grande transformação hormonal, como a síndrome dos ovários policísticos.

9.1.1 Pentágono da acne

O pentágono da acne é o conjunto dos cinco fatores predeterminantes associados ao aparecimento da pele acneica.

9.1.1.1 Aumento da produção de sebo

Diversos fatores podem provocar o aumento da produção de sebo; quase todos estão relacionados a causas hormonais.

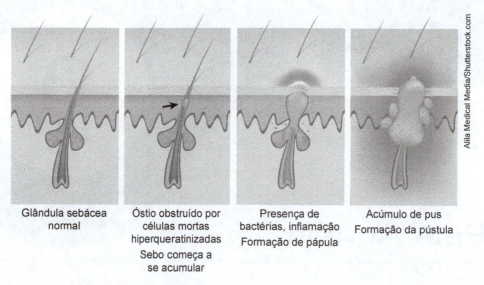

Figura 9.1 - Formação da lesão acneica inflamatória.

9.1.1.2 Formação de queratose óstio-folicular

Células mortas hiperqueratinizadas podem acumular-se nos óstios foliculares em virtude da não descamação dos corneócitos. A superposição desse material queratinoso obstrui o canal folicular, formando uma densa "rolha de queratina" (queratose óstio-folicular). Cria-se, assim, um ambiente anaeróbio no óstio, facilitando a proliferação de bactérias.

9.1.1.3 Proliferação bacteriana

O ambiente anaeróbio e o substrato lipídico presentes na pele acneica favorecem a proliferação bacteriana, principalmente da bactéria *Propionibacterium acnes*.

Esse micro-organismo produz fatores quimiotáticos que atravessam as paredes do folículo, atraindo leucócitos e neutrófilos que liberam enzimas ao ingerirem a bactéria. As enzimas atacam as paredes foliculares e provocam sua ruptura.

9.1.1.4 Inflamação

A reação inflamatória é induzida pela presença de corpo estranho, formado principalmente pela saída de queratina, lipídios e restos pilosos.

As bactérias presentes liberam enzimas que aumentam o processo inflamatório.

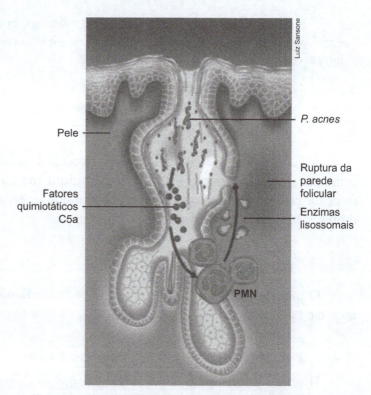

Figura 9.2 - Proliferação bacteriana e inflamação.

9.1.1.5 Fatores individuais

São os fatores ligados a respostas imunológicas e à produção de anticorpos.

9.1.2 Graus da acne

A acne está organizada em cinco graus, de acordo com as lesões e sua gravidade.

» Grau I: acne comedogênica (comedônica ou comedoniana). Características não inflamatórias. Comedões abertos e/ou fechados.

» Grau II: acne pápulo-pustulosa. Pode apresentar comedões, mas caracteriza-se pela presença de lesões inflamatórias como pápulas (elevações avermelhadas) e pústulas (com a presença de pus).

» Grau III: acne nódulo-cística. Caracteriza-se pela presença de nódulos e/ou cistos.

» Grau IV: acne conglobata. Apresenta abcessos, nódulos e cistos intercomunicantes.

» Grau V: acne fulminante (*fulminans*). Forma rara e extremamente grave. Etiologia desconhecida. Apresenta lesões inflamatórias severas que evoluem para úlceras e hemorragias em algumas lesões. Pode provocar dor nas articulações e febre. Exige cuidados médicos.

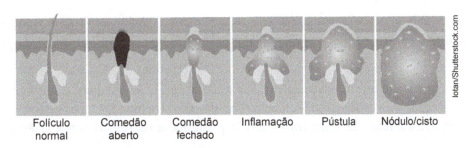

Figura 9.3 - Representação das lesões acneicas.

9.2 Ações cosmetológicas

Com base nos fatores apresentados no pentágono da acne, a indústria cosmetológica desenvolve cosméticos com ativos específicos, cujas ações poderão prevenir ou até mesmo auxiliar no tratamento das peles acneicas.

As ações cosmetológicas dos ativos presentes nos cosméticos para pele acneica envolvem principalmente o controle da produção sebácea, a remoção da "rolha de queratina", o controle da atividade bacteriana, a inibição do processo inflamatório, o auxílio à cicatrização e o efeito calmante.

As ações dos ativos utilizados em cosméticos para pele acneica são os mesmos de alguns ativos discutidos no capítulo anterior. Apenas para reforçar a aprendizagem, vamos lembrar alguns conceitos:

» Controladores de oleosidade: as ações envolvidas na pele para o controle das substâncias graxas podem ser superficiais ou no interior da pele. No caso do controle superficial, as ações podem ser por adstringência ou matificação, enquanto o controle interno envolve a inibição enzimática; ou seja, neste último, ocorre o controle da produção do sebo. Resumindo:

» **Adstringente:** remove o excesso de óleo da superfície. Pode auxiliar na redução do calibre dos óstios.

» **Matificante:** reduz o brilho da superfície em que é aplicado. Possui partículas capazes de adsorver o óleo.

» **Inibidor enzimático:** controla a produção de óleo por meio da normalização da atividade da glândula sebácea, em virtude do seu efeito de inibição da enzima 5-alfa-redutase.

» **Queratolíticos:** reagem com a queratina do estrato córneo, removendo a "rolha de queratina" e desobstruindo os óstios. Auxiliam na extração de comedões já existentes e na prevenção do aparecimento de novos comedões.

» **Antissépticos:** controlam ou impedem a atividade microbiológica. Utilizam-se, principalmente, substâncias com características bacteriostáticas.

» **Anti-inflamatórios:** minimizam os processos de inflamação provocados pelas bactérias. São extremamente importantes para os cosméticos de pele acneica, sobretudo os indicados para acne inflamatória ou nas etapas de pós-extração dos protocolos de limpeza de pele. Também são bastante utilizados nos cosméticos com ação secativa.

» **Cicatrizantes:** auxiliam na regeneração celular, reduzindo a possibilidade da formação de cicatrizes permanentes. Indicados principalmente na etapa pós-extração e nos cosméticos com ação secativa.

» **Calmantes:** reduzem o eritema presente nas peles sensíveis ou irritadas por alguma agressão, como as extrações nas limpezas de pele. São adicionados principalmente nas máscaras pós-extração.

Entende-se por ação secativa aquela que é capaz de inibir a atividade dos micro-organismos, reduzindo a inflamação e promovendo a cicatrização da lesão formada. O uso de um cosmético com ação secativa sobre uma lesão acneica inflamatória promove a regressão dessa lesão e garante uma pele sem cicatriz.

Outro termo muito comum nos produtos para pele acneica é *desincrustante*. Esse termo significa a desobstrução dos óstios e a retirada da oleosidade da pele. Os tensoativos aniônicos e a trietanolamina (TEA) são substâncias consideradas desincrustantes.

9.3 Conceitos do tratamento

Os tratamentos para pele acneica podem variar, dependendo do grau das lesões presentes. Essas variações podem envolver as etapas necessárias e os ativos utilizados. Segue um exemplo das etapas de tratamento, com as respectivas ações.

No caso do tratamento de pele acneica comedoniana (grau I), indica-se:

» **Higienização:** com adstringentes e antissépticos.

» **Esfoliação:** com agentes físicos, químicos ou enzimáticos.

» **Extração:** com agentes queratolíticos e desobstrução manual dos folículos pilossebáceos.

» **Tonificação:** com inibidor enzimático, antisséptico, anti-inflamatório, cicatrizante e calmante.

» **Cosmético controlador de oleosidade:** com inibidor enzimático e matificante.

» **Proteção solar:** com inibidor enzimático e matificante.

No caso do tratamento de peles acneicas inflamatórias (grau II, III e IV), indica-se:

» Higienização: com adstringentes e antissépticos.

» Esfoliação: com agentes químicos ou enzimáticos.

» Extração: com agentes queratolíticos e desobstrução manual dos folículos pilossebáceos (não manusear lesões como pápulas, nódulos e cistos).

» Tonificação: com inibidor enzimático, antisséptico, anti-inflamatório, cicatrizante e calmante.

» Máscara: com anti-inflamatório, cicatrizante e calmante.

» Cosmético anti-inflamatório: além da aplicação da máscara, pode-se utilizar um cosmético com ação anti-inflamatória para ficar sobre a pele, maximizando os resultados.

» Proteção solar: com inibidor enzimático e matificante.

As acnes graus III e IV necessitam de tratamentos sistêmicos sob acompanhamento dermatológico, em razão da gravidade dos processos inflamatórios.

Segue um exemplo de protocolo de extração para tratamento da pele acneica:

1) Limpeza: emulsão O/A (com baixíssimo teor de óleo). Remover o excesso com algodão ou gaze umedecida em água. Pode-se utilizar gel ou sabonete de limpeza.

2) Esfoliação: esfoliante suave (no caso de inflamação, não utilizar agentes físicos) ou gomagem com calmante.

3) Tonificação: remove resquícios dos cosméticos utilizados nas etapas anteriores e restaura o pH cutâneo.

* Opcionais:

» utilizar o desencruste em pele seborreica ou comedônica; ou

» aplicar uniformemente ácido glicólico a 30% e massagear por aproximadamente 2 minutos. Retirar completamente o ácido utilizando algodão molhado em água.

4) Emoliência: utilizar compressas de gaze umedecidas em loção emoliente ou creme emoliente por 15 minutos.

* Opcional: Aplicar vapor sobre as compressas quando a pele estiver muito inflamada ou caso seja necessário acelerar o processo. Não aplicar por mais de 5 minutos.

Retirar as compressas à medida que realizar as extrações.

5) Extração: remoção dos comedões e pústulas (quando indicado).

6) Loção antisséptica: após extração, aplicar a loção antisséptica e cauterizar as lesões extraídas. Sobre as pústulas aplicar loções cicatrizantes (ou as chamadas secativas).

7) Loção calmante: aplicar sobre a pele compressas de algodão embebido em loção calmante por alguns minutos.

* Opcionais:

» Alta frequência: aplicar o equipamento de alta frequência (ação bactericida e cicatrizante). Se possível, utilizar fluido com oligoelementos (cobre, magnésio, manganês e zinco).

» Ionizável antiacne: ionizar com o ionto antiacne que deverá ter polaridade positiva. Auxilia na ação bactericida e não sensibiliza a pele.

Pele Acneica

8) Máscara: com propriedades secativas (antisséptica, anti-inflamatória e cicatrizante). Sobre essa máscara pode-se colocar a gaze e cobrir com máscara hidroplástica.

9) Proteção solar: após higienização, tonificação e hidratação, finalizar com protetor solar.

* Opcional: aplicar fluido de vitamina C após tonificação e antes do protetor solar.

Esse é apenas um modelo de protocolo de extração de lesões acneicas. Devem-se seguir preferencialmente os protocolos de acordo com cada linha de produtos. As empresas de cosméticos oferecem treinamentos para profissionais que utilizarão seus produtos.

Vamos recapitular?

No Capítulo 9, o leitor pôde aprender sobre as lesões acneicas e suas possíveis causas. Aprendeu, ainda, como um produto cosmético pode auxiliar no tratamento da pele acneica, considerando a variedade de ações dos seus princípios ativos e sua forma de apresentação.

No Capítulo 10, apresentaremos outra área de grande conhecimento da cosmetologia: vamos compreender como agem os cosméticos antienvelhecimento.

Agora é com você!

1) A pele acneica é um dos subtipos de pele que mais incomoda a população, principalmente quando não é tratada de forma adequada, resultando em uma série de cicatrizes. Por isso, é de extrema importância prevenir ou tratar as lesões da acne de modo correto. Para os tratamentos cosméticos, podem-se considerar dois grandes grupos de pele acneica: grupo sem inflamação e grupo com inflamação. Considerando os *kits* de tratamentos cosméticos, indique o mais adequado para o caso sem inflamação e para o caso com inflamação. Oriente suas escolhas pelos princípios ativos e forma de apresentação do produto.

Tabela 9.1 - *Kits* fictícios de produtos cosméticos

	Higienizante	Esfoliante	Tônico	Hidratante
Kit 1	Emulsão com pantenol e aveia	Creme com esferas de polietileno	Loção com pantenol e papaia	Creme com papaia e ureia
Kit 2	Gel com ácido glicirrízico, ácido salicílico e alfa-bisabolol	Gomagem com bromelina	Loção com ácido glicirrízico, alfa-bisabolol e camomila	Sérum com ácido glicirrízico, ácido salicílico, alfa-bisabolol e zinco
Kit 3	Emulsão com ácido glicólico e hamamélis	Gel com esferas de *apricot*	Loção com hamamélis e extrato de abacaxi	Sérum com ácido salicílico e zinco
Kit 4	Leite de limpeza com camomila	Creme com semente de *apricot*	Loção com camomila e calêndula	Sérum de vitamina C

10

Envelhecimento Cutâneo

Para começar

O nosso organismo sofre muitas alterações bioquímicas ao longo da vida. Muitas dessas transformações resultarão em perdas e danos. Diversos pesquisadores em todo o mundo tentam postergar o processo de envelhecimento cutâneo. Um dos únicos consensos é que o envelhecimento é resultado dessas alterações, sejam elas provocadas por fatores naturais do próprio organismo ou por fatores externos, como o estilo de vida.

Neste capítulo, esses fatores serão apresentados, bem como suas influências no processo de envelhecimento cutâneo, além das ações dos ativos cosméticos utilizados tanto para prevenir ou minimizar os danos do envelhecimento quanto para auxiliar nos processos de reparação.

10.1 Classificação

O envelhecimento cutâneo representa a perda de elementos celulares e intercelulares localizados, principalmente, na epiderme e na derme. Essa perda é resultado de um conjunto de alterações bioquímicas decorrentes da ação do tempo e de fatores externos. Diante disso, o envelhecimento cutâneo pode ser classificado de acordo com os fatores que provocaram determinadas alterações. Assim, pode-se ter o envelhecimento intrínseco e o envelhecimento extrínseco.

10.1.1 Envelhecimento intrínseco

O envelhecimento intrínseco, também chamado de cronoenvelhecimento, é o envelhecimento provocado por fatores internos, do próprio metabolismo. À medida que envelhecemos, ocorre uma degeneração natural, não dependente de fatores ambientais. Como exemplo, pode-se citar a redução do *turn-over* celular (renovação celular), da atividade das glândulas sebáceas e sudoríparas, do número de aquaporinas, do número e da atividade dos fibroblastos (células produtoras de colágeno e elastina), das terminações nervosas e da microcirculação sanguínea, como resultado da atrofia, regressão e desorganização dos vasos que nutrem a pele.

10.1.2 Envelhecimento extrínseco

O envelhecimento extrínseco é o envelhecimento provocado por fatores externos, como sol, frio rigoroso, poluição, estresse e uso abusivo de drogas (álcool, tabaco, medicamentos). Todos esses fatores têm efeito cumulativo ao longo dos anos de exposição. Dentre os fatores citados, o mais danoso, estudado até o momento, é o sol. Por isso, o envelhecimento extrínseco é conhecido como fotoenvelhecimento.

As transformações cutâneas oriundas dos danos provocados por fatores externos, principalmente a exposição a radiações ultravioleta (UV), são variadas. Sabe-se que, ao entrar em contato com a célula, a radiação UV pode provocar alterações em seu DNA. No caso da radiação UVA, o dano será na derme, provocando uma atrofia nessa camada da pele. Isso resulta em redução de espessura dérmica. Em contrapartida, haverá o espessamento da epiderme, em decorrência do acúmulo de células mortas e da anormalidade dos queratinócitos.

Os melanócitos, células que possuem pigmentos cromóforos, como a melanina, são os mais afetados pela exposição à radiação UV. Essas células absorvem a energia fotônica proveniente da radiação e, assim, protegem outras células do organismo. Em decorrência dessa exposição, o número de melanócitos aumenta e a distribuição da pigmentação torna-se irregular.

10.2 Características cutâneas

As alterações bioquímicas que ocorrem no metabolismo humano resultam em diversos danos na pele. Muitos desses danos são considerados não estéticos segundo o padrão de beleza com o qual estamos adaptados. Além disso, as alterações provocadas pelo cronoenvelhecimento e pelo fotoenvelhecimento podem ter particularidades em alguns aspectos. Essas particularidades permitem ao profissional avaliar a pele de seu cliente como cronoenvelhecida e/ou fotoenvelhecida, norteando a escolhas dos cosméticos e protocolos mais adequados.

10.2.1 Pele cronoenvelhecida

Com a redução do *turn-over* celular, as células da derme e da epiderme não são mais renovadas em ritmo suficiente para manter a pele com a espessura adequada e as células em atividade normal. Como consequência, tem-se o afinamento da epiderme e da derme (a pele torna-se *fina*). Em virtude da redução da atividade dos fibroblastos, há uma perda cada vez mais significativa de colágeno e elastina na derme. Essa perda resulta em uma pele com menor firmeza e menor elasticidade (a pele torna-se *flácida* e com *rugosidades finas*). Quanto à redução da atividade das glândulas sebáceas e sudoríparas, vê-se a redução do manto hidrolipídico, que é nosso fator de hidratação natural.

Com a redução das aquaporinas, ocorre uma deficiência no transporte de água na pele. Assim, com a redução do manto hidrolipídico e a deficiência no transporte de água na pele, a pele torna-se *desidratada*. É interessante citar, ainda, a perda da substância fundamental e de hialuronidatos que permeiam as células na derme, agravando a perda da turgidez cutânea.

Há, ainda, a redução das terminações nervosas. Com isso, a pele tende a tornar-se *menos sensível* a dores e temperaturas, por exemplo. Por isso, pessoas com pele envelhecida machucam-se com maior facilidade (além de a pele estar mais fina). A redução da microcirculação sanguínea provoca deficiências na oxigenação e nutrição dos tecidos cutâneos, o que influencia diferentes processos no corpo, resultando em pele *sem viço*.

10.2.2 Pele fotoenvelhecida

Embora as peles fotoenvelhecidas tenham alguns aspectos semelhantes às peles cronoenvelhecidas, existem aqueles que são específicos do fotoenvelhecimento. Considerando os principais danos da radiação UVA, observam-se alterações na derme, especialmente nos fibroblastos, no colágeno e na elastina. Com a perda parcial desses elementos, haverá o afinamento da derme e a perda precoce da firmeza e elasticidade cutânea. Já em relação à epiderme, observa-se o seu espessamento em decorrência do crescente número de células mortas e hiperqueratinizadas que se depositam nessa camada. Assim, com o afinamento extremo da derme e a hiperqueratinização da epiderme, as rugas das peles fotoenvelhecidas são, principalmente, *profundas* e *precoces*. Destaca-se que a flacidez oriunda dos danos dérmicos é uma *flacidez cutânea precoce*.

As *discromias precoces* também caracterizam as peles fotoenvelhecidas, visto que os melanócitos estão entre as células mais afetadas.

Tabela 10.1 - Principais características das peles envelhecidas

Cronoenvelhecida	Fotoenvelhecida
Afinamento da epiderme e da derme	Afinamento da derme e espessamento da epiderme
Pele fina	Pele com aspecto espesso
Rugas finas	Rugas principalmente profundas
Flacidez	Flacidez precoce
***	Discromias

10.3 Classificação Glogau

A classificação Glogau foi desenvolvida com base nos sinais apresentados pelas peles envelhecidas. Com o passar do tempo, tornou-se tão importante que hoje é um dos critérios utilizados para a indicação de *peelings* mais adequados para cada cliente.

Está dividida em quatro graus, de acordo com a gravidade dos sinais, desde os mais suaves aos mais severos. Portanto, quanto mais alto o grau de Glogau, mais intenso deverá ser o *peeling* indicado. A Tabela 10.2 traz a descrição da classificação Glogau.

Tabela 10.2 - Classificação Glogau

Grau	Características	Idade (aproximada)
Grau I (fotoenvelhecimento suave)	Poucas linhas de expressão (em grande parte dinâmicas) Poucas alterações pigmentares Ausência de queratoses Poucas sequelas acneicas	20 - 30
Grau II (envelhecimento moderado)	Rugosidades evidentes (linha nasolabial e ao redor dos olhos) Manchas senis precoces Queratoses palpáveis (mas não visíveis) Lentigos senis visíveis Discretas lesões acneicas	30 - 40
Grau III (fotoenvelhecimento avançado)	Rugosidades estáticas e dinâmicas Discromias muito evidentes Queratoses visíveis Cicatrizes de acne Telangiectasias	50 - 60
Grau IV (fotoenvelhecimento severo)	Rugosidades estáticas e dinâmicas disseminadas Discromias muito evidentes (pode haver pele amarelo-acizentada e lesões malignas) Queratoses actínicas Cicatrizes de acne	60 - 70 (ou mais)

Amplie seus conhecimentos

O Dr. Richard G. Glogau é médico e professor de dermatologia na Universidade da Califórnia, em San Francisco. Ele é reconhecido mundialmente como especialista em tratamentos de peles envelhecidas.

Ele desenvolveu a *Glogau Wrinkle Scale* - escala de rugas Glogau - utilizada por médicos, esteticistas e indústrias cosméticas.

É importante considerar que cada pessoa apresenta particularidades quanto aos danos faciais, de acordo com sua idade; logo, não se pode utilizar essa classificação sem avaliar a pele do cliente. A classificação Glogau serve como uma ferramenta auxiliar para que os especialistas escolham os produtos e tratamentos mais adequados para alcançar os melhores resultados.

10.4 Ações cosmetológicas

Os cosméticos para peles envelhecidas podem atuar de diversas formas, desde a prevenção de danos até os seus reparos. Para ação preventiva, citam-se os antioxidantes; para ações de reparação, destacam-se os regeneradores dérmicos e os renovadores epidérmicos. Existem também as ações de efeito "imediato", como tensores ou difusores de luz.

Essa aprendizagem garante ao profissional a escolha dos cosméticos mais adequados para cada tratamento. Dessa forma, evitam-se frustrações com determinados produtos.

10.4.1 Antioxidantes

Os ativos antioxidantes, também conhecidos como antirradicais livres, são ativos de prevenção e não de reparo ou de efeito imediato.

Os antioxidantes protegem as células da oxidação provocada pelos radicais livres. Para a maioria dos pesquisadores que estudam envelhecimento cutâneo, essa oxidação celular provocada pelos radicais livres de forma excessiva está entre as melhores explicações para que se entenda o processo do envelhecimento.

10.4.1.1 Radicais livres

Antes de compreender como o antioxidante protege o organismo, deve-se saber o que é um radical livre e por que ocorre essa reação de oxidação.

Os radicais livres são átomos ou moléculas instáveis (desequilibradas em relação ao número de elétrons). Essa instabilidade provém de fatores intrínsecos (reações metabólicas naturais) ou extrínsecos (poluição ambiental, drogas, radiações, estresse) que acabam por desestruturar quimicamente algumas moléculas. Um átomo ou uma molécula quimicamente instável está com um número ímpar de elétrons na sua eletrosfera, ou seja, possui elétron desemparelhado.

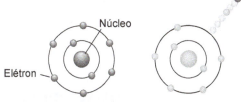

Figura 10.1 - Formação de um radical livre. A representação da esquerda indica um elemento estável (oito elétrons), enquanto a representação da direita mostra esse elemento após a perda de um elétron. Esse elemento instável, com sete elétrons, é o radical livre.

Esse desemparelhamento decorre de fatores intrínsecos e extrínsecos que acabam por retirar elétrons dos átomos e/ou moléculas, provocando essa instabilidade química, ou seja, provocando a formação do radical livre.

Como esses radicais livres são muito reativos, eles irão à busca dos elétrons removidos pelos fatores externos. É nessa busca por elétrons que eles acabam atacando as células do corpo.

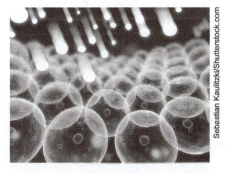

Figura 10.2 - Radicais livres atacando as células. Os radicais livres estão representados pelos círculos menores e mais claros, enquanto as esferas maiores representam as células.

O termo "oxidação celular" é utilizado porque nossas células perdem elétrons para o radical livre, ou seja, são oxidadas. Além disso, grande parte dos radicais livres que temos no organismo são de oxigênio.

10.4.1.2 Antirradicais livres

Após compreender a formação do radical livre e a oxidação celular, é o momento de o leitor compreender o efeito de um ativo antioxidante (ou antirradical livre) no organismo.

A substância química com capacidade antioxidante é aquela capaz de impedir a oxidação celular. Na verdade, essa substância quer ser oxidada, visto que sua estabilidade química é alcançada quando ele doa seus elétrons para outro elemento, que, nesse caso, será o

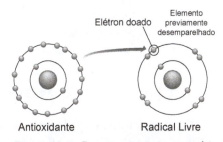

Figura 10.3 - Representação esquemática mostrando o antioxidante doando elétron para o radical livre.

radical livre. Portanto, ocorre a combinação perfeita: o antioxidante quer doar seus elétrons e o radical livre quer recebê-los. Dessa forma, a célula não é atacada.

Diante do exposto, confirma-se que a atividade de um ativo antioxidante é apenas de prevenção. Viu-se que essa substância apenas evita a oxidação celular, mas não é capaz de agir nas células já oxidadas.

Cosméticos com ação antirradicais livres devem ser utilizados em todas as fases da vida, pois sempre haverá o que prevenir. Assim, é possível elaborar excelentes protocolos de tratamentos preventivos para clientes a partir dos 20 anos de idade.

Tabela 10.3 - Exemplos de ativos antioxidantes

Antioxidantes		
Ácido elágico	Extrato de manga	Picnogenol
Ácido ferúlico	Flavonoides (isoflavonas, antocianinas)	Resveratrol
Ácido lipoico		Semente de uva
Castanha-da-índia	Flor de girassol	Soja
Chá verde	*Ginkgo biloba*	Vitamina A
Coenzima Q10	Glutationa	Vitamina E
Coffeberry	Iris iso	Vitamina C
Extrato de acerola	Licopeno	

10.4.2 Regeneradores dérmicos

Existem alguns ativos capazes de melhorar o metabolismo da derme ou, ainda, repor alguma substância cuja concentração foi reduzida com o passar dos anos. Em geral, eles estimulam a produção dos fibroblastos, das fibras de colágeno ou de outros componentes da matriz extracelular. A Tabela 10.4 traz exemplos de ativos que atuam no metabolismo dérmico.

Tabela 10.4 - Exemplos de ativos regeneradores dérmicos

Regeneradores dérmicos		
Alfa-hidroxiácidos	Hyaxel®	Retinol
Ascorbosilane	IGH	Pó de opala
Biolift H	Matrixyl	Silicium P
Densiskin	MFA	Hidroxiprolina
Elastinol	Linefactor	Extrato de caracol
Happybelle	Raffermine®	VC-IP
Hidroxiprolisilane C	Renew Zime	VC-PMG

10.4.3 Renovadores epidérmicos

Os renovadores epidérmicos são ativos muito úteis para a melhora do aspecto da pele envelhecida. Esses ativos estimulam o *turn-over* celular, portanto favorecem a troca das células da epiderme.

Tabela 10.5 - Exemplos de ativos que renovam a epiderme

Renovadores epidérmicos		
Alfa-hidroxiácidos	Lipossomas de *Aloe vera*	Renew Zime
Ácido alfalipoico	Lipossomas de hamamélis	Retinol
Centella asiatica	Lipossomas de papaína	TGF-B3
Fator EGH	Lipossomas de pantenol	Vitamina B5
Hidrolisado de soja	Óleo de rosa mosqueta	
Hyaxel®		

10.4.4 Tensores

Os ativos com ação tensora são capazes de sensibilizar a musculatura superficial, resultando em um efeito de *lifting*, também conhecido como "efeito cinderela". A maioria desses ativos possui moléculas grandes que ficarão apenas na superfície cutânea, provocando o efeito tensor; outros, além desse efeito imediato, também atuarão na derme, promovendo sua regeneração.

Tabela 10.6 - Exemplos de ativos que agem na musculatura superficial

Tensores		
Argireline (hexapeptídeo)	Liftline	Peptídios
Coup d'Eclat Complex	Raffermine	Syn-ake
DMAE	Tensine	Melitina
Elastocell	Thalassine	THPE

10.4.5 Preenchedores

Os ativos de preenchimento cosmético agem de forma lenta e gradual, devolvendo o contorno e o volume da pele. É importante compreender que, dependendo do grau do envelhecimento cutâneo, o preenchimento via cosmetológica não garantirá os resultados almejados por algumas pessoas. Logo, faz-se necessária a parceria com um profissional habilitado e capacitado para a realização de procedimentos invasivos. Desta forma, os resultados serão mais rápidos e efetivos.

Tabela 10.7 - Exemplos de ativos de preenchimento

Preenchedores
Ácido hialurônico
Aquaporine Active (AQP-3)
Commipheroline
Esferas de colágeno
Epiderfill

Vamos recapitular?

Este capítulo trouxe definições e classificações sobre o envelhecimento cutâneo. Descreveu de forma clara as principais alterações cutâneas provocadas pela ação do tempo ou por fatores externos, dentre os quais se destaca o sol. Mostrou, ainda, as características cutâneas resultantes dessas transformações e as ações cosmetológicas eficazes para cada caso.

No próximo capítulo, abordaremos uma das consequências das alterações provocadas pelo envelhecimento cutâneo: as discromias.

Envelhecimento Cutâneo

Agora é com você!

1) Imagine que você é um profissional que faz parte de uma equipe de pesquisa e desenvolvimento de cosméticos. Você participará da seleção de algumas matérias-primas responsáveis pela ação do produto cosmético. Considerando que o desenvolvimento será de um cosmético facial para jovens, sugira três princípios ativos que poderiam fazer parte da composição química.

2) Você provavelmente já ouviu a frase: "Esse cosmético não funciona, é só efeito cinderela". Utilizando os conhecimentos adquiridos com o estudo deste capítulo, comente essa frase, justificando se ela é verdadeira ou não.

Discromias

Para começar

No capítulo anterior, estudamos as características e consequências do envelhecimento cutâneo. O objetivo deste capítulo é enfocar uma das consequências comuns nas peles envelhecidas: as discromias.

11.1 Cor da pele

Antes de aprendermos sobre as discromias, são necessárias noções sobre a cor da pele. A cor da pele é o resultado da combinação de uma série de pigmentos, como pigmentos melânicos, pigmentos biliares, pigmentos carotênicos e pigmentos sanguíneos.

Como a ação principal dos produtos cosméticos para peles com pigmentação irregular se dá sobre os pigmentos melânicos, focaremos o nosso estudo nessa classe. Em primeiro lugar, é importante saber que esses pigmentos são produzidos por células conhecidas como melanócitos, por meio de uma reação química conhecida como melanogênese. No interior dos melanócitos existem os melanossomas e, dentro destes, a melanina (pigmento). Uma enzima muito importante para a produção desse pigmento é a tirosinase. Essa enzima acelera as reações químicas para a produção da melanina. Caso um dos reagentes dessa reação seja o oxigênio, produz-se a eumelanina, pigmento acastanhado ou preto; caso um dos reagentes seja o enxofre, produz-se a feomelanina, pigmento amarelado ou avermelhado.

Ao final da reação de produção da melanina, esse pigmento migra para os prolongamentos existentes no melanócito, como ilustrado na Figura 11.1.

A partir desse ponto, o pigmento de melanina é transferido para os queratinócitos presentes na epiderme. É na epiderme que a cor da pele será visualizada, como resultado da combinação de vários outros pigmentos, além dos melânicos.

Deve-se considerar, ainda, que nem todos os pigmentos melânicos chegam até o estrato córneo da epiderme. Muitos são eliminados na camada espinhosa. Nessa situação, tem-se a pele branca, por exemplo. No entanto, caso os pigmentos de eumelanina alcancem o estrato córneo em uma elevadíssima concentração, tem-se a pele negra. Esses alcances são determinados geneticamente.

Desta forma, conclui-se que a cor da pele não está relacionada com o número de melanócitos, mas com o mecanismo de transferência dos melanossomas aos queratinócitos (PERIOTTO, 2008).

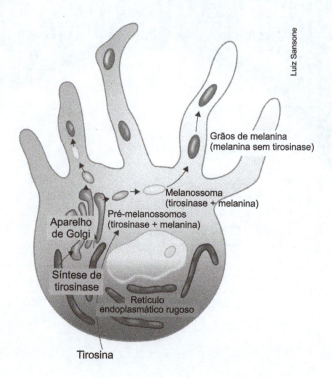

Figura 11.1 - Representação da célula do melanócito.

11.2 Melanogênese

No item anterior, viu-se que melanogênese é a reação bioquímica de produção da melanina pelos melanócitos. Essa reação ocorre como uma forma de proteção do organismo (especialmente do DNA celular) aos danos externos, como as radiações ultravioletas.

Uma série de fatores pode influenciar a reação de melanogênese. Entre os principais, destacam-se o envelhecimento, a exposição solar, a gravidez e os tratamentos e/ou distúrbios hormonais.

Com o envelhecimento natural, a quantidade de melanócitos diminui. Os melanócitos restantes aumentam de volume (em muitos casos, a pele torna-se mais clara). Por outro lado, com a exposição solar, o número dos melanócitos aumenta, sob ação da radiação UVB, que também estimula a enzima tirosinase. A radiação UVA fotoxida os precursores incolores da melanina (melanina preexistente), escurecendo-os.

No caso da gravidez, a influência se deve aos hormônios reprodutores, que estimulam a produção de melanina, gerando hipercromias. Tratamentos e/ou distúrbios hormonais podem até mesmo aumentar o número de melanossomas.

Enfim, as influências são variadas, e por isso é tão difícil não apresentar discromia ao longo da vida.

11.3 Tipos de discromias

De acordo com as alterações no processo da melanogênese, pode ocorrer alteração na pigmentação natural da pele (discromias). Essas discromias podem ser hipercrômicas (pigmentação acima da normalidade), hipocrômicas (pigmentação abaixo da normalidade) ou acrômicas (ausência de cor). A Tabela 11.1 resume as principais características das possíveis discromias.

Tabela 11.1 - Principais tipos de discromias

Hipercromias	
Classificação	Características principais
Queratose actínica	Manchas escamosas de cor marrom, cinza ou preta (exposição solar ao longo da vida, a discromia aparecerá com o tempo)
Cloasma	Manchas irregulares de cor marrom (fatores hormonais estimulam a produção e transferência da melanina)
Efélides	Pequenas manchas de cor marrom (sardas) (intensificam-se com a exposição solar)
Fitofotodermatose	Manchas de contornos irregulares (dermatite por bijuterias ou por substâncias como perfumes ou alguns ácidos de frutas)
Hipercromia pós--inflamatória	Manchas oriundas de agressões como inflamação ou queimadura
Hiperpigmentação periorbital	Escurecimento na região das pálpebras e periocular (fatores genéticos)
Lentigem senil (Melanose solar)	Manchas maiores e mais arredondadas que as sardas
Melasma	Manchas castanhas (fatores diversos: genética, gravidez, hormonais em geral, radiações UV)

Hipocromias	
Classificação	Características principais
Leucodermias solares (sardas brancas)	Manchas brancas, pequenas e arredondadas (geralmente aparece nos braços e pernas, em razão da exposição solar)
Ptiríase alba	Manchas descamativas brancas e irregulares que podem coçar (exposição solar e ressecamento intenso)
Ptiríase versicolor	Manchas descamativas brancas e regulares que podem coçar (causadas pelo fungo *Pitrosporum ovale*)

A Tabela 11.1 serve apenas para instruir o profissional que poderá encontrar essas características nas peles de seus clientes e não para habilitá-lo para o diagnóstico de discromias.

O profissional deve instruir seu cliente sobre a prevenção das alterações pigmentares por meio da proteção solar. Caso essas alterações já sejam evidentes, devem ser usados cosméticos que promovam a correção dessas pigmentações.

11.4 Ações cosmetológicas

As ações dos ativos que podem atuar sobre a pigmentação cutânea são diversas. Entre as mais importantes utilizadas pela cosmetologia está a inibição da melanogênese (inibição das reações de oxidação, ou seja, inibição da formação da melanina ou inibição da ação ou formação da tirosinase); inibição da transferência da melanina para os queratinócitos; quelação dos íons cobre e ferro; e descamação epidérmica (renovação epidérmica).

Tabela 11.2 - Exemplos de ativos de ação sobre irregularidades pigmentares

Inibidor da melanogênese	Inibidor da transferência da melanina para os queratinócitos	Sequestrantes dos íons cobre e ferro	Renovadores epidérmicos
Ácido ascórbico	Belides	Ácido fítico	Alfa-hidroxiácidos
Ácido azelaico	Cosmocair C250®	Ácido kójico	Ácido glicólico
Ácido fítico	Melableach	Antipollon HT	Ácido mandélico
Ácido glicirrízico	Hidroquinona	Biofermentado de Aspergillus	Ácido retinoico (não permitido em cosméticos no Brasil)
Ácido kójico	WhitessenseTM	Emblica	Ácido salicílico
Ácido lático		Melableach	Dermawhite
Antipollon		Skin Whitening Complex (SWC)	Extrato de Grapefruit
Arbutin			Renew Zyme®
Belides			
Biowhite			
Dermawhite			
Flavonoides			
Hidroquinona			
Licorice			
Melableach			
Melawhite			
Melfade			
Oligopeptídios			
Skin Whitening Complex (SWC)			

Vamos recapitular?

Este capítulo descreveu o processo bioquímico da melanogênese, os fatores que o influenciam e as suas consequências. Trouxe, ainda, um resumo dos diferentes tipos de discromias e das ações dos ativos que atuam nas alterações pigmentares.

Após apresentarmos as ações cosmetológicas eficazes para essa e outras afecções cutâneas em capítulos anteriores, abordaremos, no Capítulo 12, algumas ações para uma condição que atinge mais de 90% das mulheres: a hidrolipodistrofia ginoide.

Agora é com você!

1) O que é melanogênese? Cite dois fatores capazes de influenciar esse processo.

2) Como os cosméticos podem minimizar os sinais das alterações pigmentares? Escreva três exemplos de substâncias ativas para cada ação cosmetológica capaz de minimizar os sinais das discromias.

12

Gordura Localizada e Hidrolipodistrofia Ginoide

Para começar

Em algumas culturas ou épocas históricas, ouviu-se falar sobre padrões de beleza bem diferentes dos de hoje. Há relatos de que a mulher símbolo da beleza deveria ter certa gordura localizada. Isso era visto como fartura. Ninguém falava sobre as irregularidades presentes em sua pele.

No entanto, esse padrão mudou, pelo menos em grande parte do mundo. Apenas os seios e os glúteos com fartura ainda são bem vistos. Já as demais áreas devem apresentar volume reduzido de gordura. Mesmo o glúteo avantajado deve ser isento de irregularidades. Será que a cosmetologia pode contribuir com esse padrão de beleza?

12.1 Tecido subcutâneo

Para a compreensão da ocorrência da gordura localizada e da hidrolipodistrofia ginoide (HLDG), deve-se estudar, em primeiro lugar, o local que essa afecção atinge: o tecido adiposo. Também chamado de tecido gordo, camada subcutânea de gordura ou hipoderme, o tecido adiposo localiza-se na camada mais profunda da pele, abaixo da derme. É constituído pelos adipócitos, células responsáveis pelo armazenamento de lipídios (triglicerídios).

Além da função de reserva, o tecido adiposo protege contra choques mecânicos e pode atuar como isolante térmico, auxiliando na regulação da temperatura corporal. No entanto, seu excesso é prejudicial.

12.1.1 Processos bioquímicos

Embora existam várias reações bioquímicas no tecido subcutâneo, enfatizaremos os processos sobre os quais a cosmetologia pode ter influência. Esses processos são a adipogênese, a lipogênese e a lipólise.

12.1.1.1 Adipogênese

A adipogênese é o processo de maturação (diferenciação) dos pré-adipócitos. Os pré-adipócitos são células não diferenciadas que, encontrando situações favoráveis, evoluirão para adipócitos imaturos e, estes, para adipócitos maduros.

12.1.1.2 Lipogênese

Ao ingerimos carboidratos, estes são transformados em glicose, a qual ingressa na corrente sanguínea. Quando a concentração de glicose no sangue ultrapassa o seu limite máximo, o excesso é removido pelo fígado, o qual o armazena sob a forma de glicogênio. Por sua vez, quando em excesso, o glicogênio é quebrado pelo fígado. Seu excedente é eliminado no sangue e, consequentemente, provoca um aumento da concentração de ácidos graxos na corrente sanguínea.

O excesso de ácidos graxos no sangue é removido pela pele, a qual o armazenará nos adipócitos sob a forma de gordura (triglicerídios), como mostra a Figura 12.1.

Figura 12.1 - Diferenciação do pré-adipócito dando origem à célula de gordura.

12.1.1.3 Lipólise

A lipólise é o processo inverso à lipogênese. Ocorre no tecido adiposo, degradando as gorduras. Assim, refere-se à degradação das reservas energéticas (triglicerídios) para a produção de energia, em que o triacilglicerol deve ser hidrolisado em ácidos graxos livres e glicerol, os quais serão mobilizados e lançados na corrente circulatória.

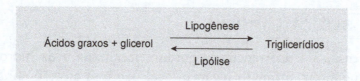

Figura 12.2 - Reação de lipogênese e lipólise.

12.1.2 Tecido subcutâneo feminino e masculino

Os adipócitos presentes no tecido adiposo feminino são grandes e estão presentes no interior de septos grandes e retangulares. Além disso, pessoas do sexo feminino apresentam quantidade cinco vezes maior de células gordurosas quando comparadas às pessoas do sexo masculino (VIGLIOGLIA; RUBIN, 1997).

Nas mulheres, ocorre protusão dos nódulos, formando irregularidades superficiais e deixando a pele com aspecto heterogêneo. Na região ginoide, os adipócitos respondem mais aos estrógenos, aumentando o diâmetro dessas células e, consequentemente, a camada gordurosa. Assim, a estrutura do tecido adiposo e o volume dos adipócitos nas mulheres contribuem para a visualização dos nódulos de gordura na HLDG.

Nos homens, os adipócitos são pequenos e encontram-se dentro de septos diagonais e mais rígidos, comparados aos das mulheres. Apertando a pele masculina, os nódulos de gordura deslizam uns sobre os outros, sem provocar irregularidades na superfície cutânea.

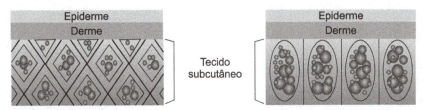

Figura 12.3 - Imagem comparativa dos tecidos subcutâneos de homens e mulheres, respectivamente.

12.2 Alterações subcutâneas

No caso da gordura localizada, nota-se um aumento do volume corporal, decorrente de um maior acúmulo de gorduras no adipócito. Pode-se dizer que houve uma intensificação das reações de lipogênese.

Considerando a HLDG, estuda-se que o início das transformações ocorre na matriz intersticial, mediante alteração bioquímica dos seus constituintes principais, que sofrem uma hiperpolimerização. Assim, haverá aumento da viscosidade da matriz, prejudicando suas principais funções (BACCI; LEIBASCHOFF, 2000).

Durante décadas, admitiu-se o início do processo na microcirculação local. Entretanto, diversas evidências indicam que as alterações circulatórias são uma consequência da má condução de água e macromoléculas no interstício, ocasionando, inicialmente, um edema local, seguido de compressão dos pequenos vasos. A alteração do adipócito, com hipertrofia e lipogênese, decorreria da redução da irrigação sanguínea e da dificuldade nas trocas metabólicas com o meio intersticial. A circulação linfática, por sua vez, seria prejudicada, entre outros fatores, pelo aumento da pressão oncótica na substância fundamental (BACCI; LEIBASCHOFF, 2000).

Toda a série de alterações descritas, bem como suas interações, culminam em fibrose da matriz intersticial, com proliferação desordenada das fibras colágenas e perda de sua elasticidade, ocasionando a compressão dos lóbulos de adipócitos, já hipertróficos, e a formação de micronódulos que irão se unir, dando origem aos macronódulos.

Além de gerar uma aparência desagradável, o processo torna-se praticamente irreversível, podendo, ainda, provocar dor em decorrência da compressão de terminações nervosas ou desencadeamento de reações inflamatórias (BACCI; LEIBASCHOFF, 2000).

Nessa fase, somente algumas intervenções cirúrgicas poderão ajudar na melhora do aspecto clínico e, assim, facilitar a ação das demais modalidades terapêuticas. Pode-se destacar a *Subcision*®, técnica empregada pela primeira vez no tratamento de nódulos e outras alterações do relevo cutâneo na HLDG por Hexsel (HEXSEL; MAZZUCO, 1997).

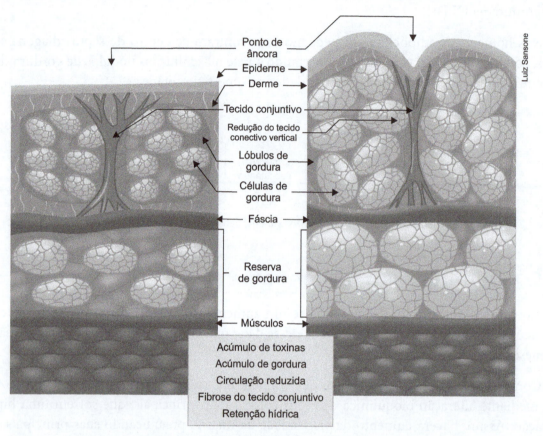

Figura 12.4 - Formação da hidrolipodistrofia ginoide.
A imagem da esquerda representa a pele saudável; a da direita, com HLDG.

12.3 Ações cosmetológicas

As principais ações dos ativos utilizados para tratamento de gordura localizada são inibição de adipogênese, inibição de lipogênese e estímulo de lipólise. No entanto, para o tratamento da HLDG, devem-se utilizar mais ações cosmetológicas, visto que a gordura localizada é um fator secundário para o desenvolvimento do aspecto "casca de laranja".

Ações no interstício celular, na microcirculação, na inflamação (se houver) e na flacidez tecidual, somadas a inibição da adipogênese, inibição da lipogênese a ativação da lipólise, são também necessárias para um resultado efetivo.

A Tabela 12.1 cita ativos eficazes para gordura localizada e HLDG e é complementada pela Tabela 12.2, que relaciona os tratamentos de HLDG.

Tabela 12.1 - Exemplos de ativos eficazes para gordura localizada e HLDG

Inibidores de adipogênese	Inibidores de lipogênese	Estimulantes da lipólise
Fisetina	Ácido hidroxítrico	Hera
Frambinona	Adiporeguline	L-carnitina
Liporeductil	Aspartame	Liporeductil
Myriceline TM	Fisetina	Metilxantinas
Nano-framboesa	Floridzina	Ioimbina
Pro Sveltyl	Frambinona	Regu-slim®
Provislim TM	Garcínia Camboja	Silanóis
Scopariane	*Myriceline TM*	*Slimbuster* H e L
Silusyne	Nano-framboesa	Teobromina
Sveltessence	Neurocafeína	Teofilina
	Slimbuster L	Xantogosil
		Algisium C
		Bioex antilipêmico
		Cafeína
		Cafeisilane C

Os ativos que agem no interstício são importantes porque promoverão a despolimerização da substância geloide formada no processo da HLDG. Como a microcirculação está comprometida, os ativos que atuam sobre ela são capazes de reduzir a permeabilidade dos vasos capilares, diminuindo o extravasamento de líquidos para o espaço extracelular e auxiliando o fluxo sanguíneo. Os ativos anti-inflamatórios serão de grande utilidade, considerando que a condição pode evoluir para quadros com inflamação. E por fim, os ativos tensores, visto que um dos danos sofridos pelo tecido cutâneo com HLDG é o desenvolvimento da flacidez oriunda das alterações de suas fibras elásticas. Logo, o uso de agentes tensores auxilia na redução do aspecto inestético provocado por essa afecção.

Tabela 12.2 - Exemplos de ativos eficazes para HLDG

Atuantes no interstício	Atuantes na microcirculação	Anti-inflamatórios	Tensores
Centella asiatica	Bétula	Adipol	*ATP Flex*
Ácido ascórbico	*Caobromine®*	Arnica	*Coheliss*
Enzimas de difusão	*Capsicum*	Bioex antilipêmico	*Coupe D'eclat*
Enzimas proteolíticas	Castanha-da-índia	Celulinol	*Dermochlorella*
Vegetais e algas	*Centella asiatica*	*Centella asiatica*	DMAE
Tretinoína e retinol	Nicotinato de metila	Castanha-da-índia	Idebenona
Silícios orgânicos e silanóis	Flavonoides	Nicotinato de metila	*Liftline*
	Ginkgo biloba	Silanóis	*Raffermine*
	Laranja amarga	Silícios orgânicos	*Regu-Slim®*
	Liporeductil	Xantogosil	*Slimbuster L*
	Meliloto		*Tensea lift*
	Mirtilo		*Tensine*
	Hera		*Toniskin*
	Xantogosil		
	Bioex antilipêmico		
	Mentol		
	Slimbuster H		
	Pilosella		

Vamos recapitular?

Este capítulo descreveu as características do tecido subcutâneo, incluindo a comparação entre o feminino e o masculino, o que justifica as características observadas com facilidade nas mulheres, mas não nos homens. O capítulo trouxe, ainda, a descrição das reações e alterações bioquímicas do tecido subcutâneo normal e durante a formação da HLDG.

As ações e os exemplos dos ativos foram dispostos em tabela para facilitar a identificação ou a busca por um princípio ativo. O próximo capítulo dará continuidade à cosmetologia corporal, abordando as estrias.

Agora é com você!

1) Analise as características corporais de cada cliente e indique as ações dos ativos mais eficazes para as suas necessidades. Para cada ação, citar dois exemplos de ativos.

   » Cliente A: Visivelmente abaixo do peso, mas pele com irregularidades de HLDG.

   » Cliente B: Presença de gordura localizada, mas pele visivelmente lisa, mesmo após compressão.

   » Cliente C: Presença de gordura localizada acompanhada de HLDG.

2) Por que as mulheres apresentam a pele com aspecto irregular na presença de HLDG, mas isso geralmente não acontece com os homens?

13

Estrias

Para começar

Outra irregularidade da pele considerada não estética são as estrias. Quando menos se espera, elas aparecem. As causas são variadas, mas todas levarão ao rompimento das fibras de colágeno e elastina. Por se tratar do resultado de uma ruptura de fibras, é extremamente difícil para a cosmetologia alcançar os resultados almejados desse tratamento, ou seja, removê-las completamente. Contudo, já existem ativos cosméticos que atuam de forma eficaz.

13.1 Definição

Antes de aprender sobre as ações dos ativos que atuam sobre as estrias, é importante saber o que são esses sinais em nossas peles.

As estrias são lesões oriundas dos rompimentos das fibras de colágeno e elastina presentes na derme cutânea. Em geral, são causadas por fatores genéticos, hormonais ou por estiramentos bruscos da pele (gestação e crescimento, ganho de altura, gordura ou músculos), ou até mesmo pelo uso sistêmico de corticoides. Outro fator que influencia o aparecimento das estrias é a hidratação da pele. Nota-se que, em condições de desidratação, seu aparecimento é facilitado, visto que essas condições reduzem a elasticidade da pele.

Embora possam aparecer em qualquer fase da vida, seu surgimento é comum antes dos 30 anos de idade, visto que, nesse período, as fibras de elastina apresentam certa rigidez. Portanto, faz sentido observarmos que o número de gestantes antes dos 30 anos que adquiriram estrias é maior quando comparado ao de gestantes com mais de 30 anos. Pode-se considerar, ainda, a possibilidade de mais hormônios envolvidos na gravidez de uma adolescente.

13.1.1 Tipos de estrias

As estrias podem ter colorações diferentes, variando do avermelhado ao branco-nacarado. Podem também ter tamanho, regularidade e profundidade diferentes.

» Estrias avermelhadas ou arroxeadas: apresentam-se no estado recente à ruptura. Ainda estão em processo inflamatório. Como não cicatrizaram, o tratamento é mais fácil. Nessa fase, as fibras estão tentando se reorganizar.

» Estrias branco-nacaradas: são cicatrizes atróficas que representam a sequela do processo cicatricial, com formação de fibrose. A hipocromia deve-se à perda de melanócitos nessa região e ao comprometimento da circulação local.

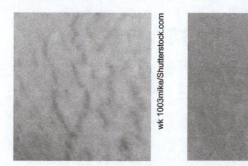

Figura 13.1 - Pele com estrias vermelho-arroxeadas e pele com estrias brancas.

13.2 Ações cosmetológicas

As ações cosmetológicas vão desde a prevenção até a tentativa de reparação tecidual. O efeito preventivo é realizado com muita hidratação, ao passo que a ação de reparo só é alcançada mediante o uso de princípios ativos específicos.

13.2.1 Emoliência

A hidratação por emoliência pode promover o amolecimento do estrato córneo e formar um filme sobre a pele. Esse filme poderá ou não ter toque agradável, dependendo da qualidade da substância emoliente. No entanto, independentemente da qualidade do toque do filme, ele poderá minimizar a perda de água pelo estrato córneo.

Embora não seja fator determinante, quanto mais hidratada a pele, menor a possibilidade de aparecimento de estrias.

13.2.2 Hidratação intracelular

A hidratação intracelular é uma forma de hidratação profunda quando comparada à emoliência ou à umectação, já que estas apenas mantêm a água na pele. Logo, é importantíssima para prevenir o aparecimento de estrias.

Embora o tratamento de estrias seja algo bastante complexo para a cosmetologia, as ações descritas a seguir podem auxiliar na redução do aspecto estriado e não apenas prevenir o aparecimento de novas estrias, como ocorre com o uso de cosméticos com efeitos de hidratação.

13.2.3 Ação anti-inflamatória

Os ativos com ação anti-inflamatória são capazes de reduzir a vermelhidão das estrias à medida que controlam os processos inflamatórios presentes na pele lesionada durante a ruptura das fibras.

13.2.4 Microcirculação

Embora a microcirculação esteja aumentada nas estrias avermelhado-arroxeadas, nota-se que essa microcirculação vai sendo comprometida, evoluindo com morte celular, aumento da inflamação, fibrose local e aparecimento das estrias brancas.

13.2.5 Regeneradores dérmicos

Como os danos da ruptura ocorrem na derme, uma das formas de conseguir a melhora do aspecto cutâneo é tentar regenerar esse tecido. Esses ativos regeneradores da derme estimulam a atividade dos fibroblastos e aumentam o teor de colágeno e elastina.

13.2.6 Renovadores epidérmicos

As estrias são oriundas de um dano na derme; no entanto, acabam por resultar em uma atrofia na epiderme. Assim, a renovação epidérmica pode auxiliar na minimização das estrias, visto que influenciará no *turn-over* celular.

Tabela 13.1 - Exemplos de ativos com ação preventiva contra as estrias

Emoliente	Hidratante intracelular
Algas marinhas	Ácido hialurônico
Aloe vera	Alfa-hidroxiácidos
Óleo de amêndoas	Glicoesferas de vitamina C
Óleo de gergelim	Lipossomas de *Aloe vera*
Óleo de rosa mosqueta	Lipossomas de hamamélis
Óleo de semente de uva	PCA-Na
Silicone	Reestructil
Vitamina A	Ureia
Vitamina E	Vitamina B5

Tabela 13.2 - Exemplos de ativos que auxiliam na redução do aspecto estriado na pele

Anti-inflamatório	Atuante na microcirculação	Regenerador dérmico	Renovador epidérmico
Ácido salicílico	Bétula	Ácido retinoico	Alfa-hidroxiácidos
Adipol	Caobromine®	Alfa-hidroxiácidos	*Centella asiatica*
Arnica	Capsicum	Extrato de *Centella asiatica*	Hidrolisado de soja
Bioex antilipêmico	Castanha-da-índia	Lipossomas de pantenol	Lipossomas de *Aloe vera*
Celulinol	*Centella asiatica*	Hyaxel®	Lipossomas de hamamélis
Centella asiatica	Flavonoides	Hidroxiprolisilane C	Hyaxel®
Castanha-da-índia	*Ginkgo biloba*	Reestructil	Lipossomas de papaína
DSBC	Meliloto	Retinol-like	Lipossomas de pantenol
Silanóis	Mirtilo		Óleo de rosa mosqueta
Silícios orgânicos	Xantogosil		Vitamina B5
Xantogosil	Bioex antilipêmico		

Estrias

119

13.3 Inovação

Um produto inovador para estrias é a "caneta antiestrias". Um exemplo desse cosmético é composto de três silícios orgânicos:

» Hyaxel®: silício acoplado ao ácido hialurônico. Promove renovação epidérmica.
» Hidroxiprolisilane C: silício acoplado à hidroxiprolina. Promove regeneração dérmica.
» DSBC: silício acoplado ao ácido salicílico. Tem ação anti-inflamatória.

Essa caneta contém 20% de silícios totais, sendo capaz de tratar as estrias vermelho-arroxeadas em até 100%. Esse resultado geralmente é alcançado com a utilização desse produto, em média, três vezes ao dia, por no mínimo quatro semanas.

No caso das estrias branco-nacaradas, embora o resultado não seja 100% de desaparecimento, o uso da caneta pode reduzir consideravelmente a largura e o comprimento dessas estrias. Nesse caso, a visualização dos resultados é mais demorada: são necessários, no mínimo, 120 dias de uso regular (média de três vezes ao dia).

Pode-se, ainda, utilizar o ativo di-hidroxiacetona (DHA) para disfarce colorimétrico. Esse ativo reage com as proteínas da pele, resultando em uma coloração tendendo ao bronzeado; portanto, reduz a visibilidade das estrias.

Além desses ativos, podem-se utilizar outras combinações de princípios ativos, priorizando as ações principais: renovação epidérmica, regeneração dérmica e efeito anti-inflamatório.

Vamos recapitular?

Este capítulo trouxe de forma sucinta as principais características das estrias, citando suas causas e seus tipos, possibilitando a compreensão da relação das ações dos ativos cosméticos utilizados com a etiologia das estrias.

Agora que já foram discutidas as ações cosméticas presentes nos produtos auxiliares para as principais afecções cutâneas (sensibilidade, acne, envelhecimento, discromias, gordura localizada, hidrolipodistrofia ginoide e estrias), devemos priorizar a importância de utilizar esses cosméticos corretamente. No Capítulo 14, será apresentada uma série de cuidados que devem ser tomados antes, durante e após o uso de um produto cosmético.

É muito interessante conhecer todas essas ações em um produto. No entanto, mais importante que conhecê-las é saber como utilizá-las.

Agora é com você!

1) Explique por que os cosméticos para estrias dificilmente alcançam resultados satisfatórios.

2) Descreva as diferenças entre as estrias vermelho-arroxeadas e as estrias branco-nacaradas.

3) Escolha cinco cosméticos para estrias e forneça as seguintes informações: nome do produto (marca); ativos; e ações dos ativos.

14

Cuidados com o Uso dos Cosméticos

Para começar

Este livro trouxe uma série de ações cosmetológicas, demonstrando que um cosmético não é mais algo superficial como uma maquiagem, um produto de higiene ou um perfume. Viu-se que suas ações estão cada vez mais significativas, podendo influenciar reações biológicas, por meio dos bioativos. Por isso, este livro traz os principais cuidados necessários antes, durante e após o uso dos cosméticos e dicas sobre as medidas a serem tomadas caso ocorra algum evento desagradável com essa utilização.

14.1 Cuidados preventivos

Antes de utilizar qualquer cosmético, o usuário deve observar as instruções do rótulo. O Capítulo 3 abordou alguns dados importantes quanto à rotulagem desses produtos. Deve-se ficar atento a essas informações.

Primeiramente, só se deve comprar o produto se a embalagem estiver em perfeitas condições. Um pequeno estufamento é motivo suficiente para inutilizá-lo. Caso a embalagem esteja perfeita, deve-se analisar se esse produto possui notificação ou registro junto à Anvisa. A notificação, realizada para produtos grau 1, é indicada no rótulo como "Res. Anvisa 343/05", seguido de um número que indica a Autorização de Funcionamento da Empresa (deverá começar com o número 2). Já o registro, realizado para produtos grau 2, deve ser identificado no rótulo a partir de uma numeração específica (começa com o número 2 e pode ter 9 ou 13 dígitos).

Produtos com prazo de validade vencido também devem ser inutilizados. Além de perderem a ação, esses produtos podem prejudicar o usuário. Deve-se ler atentamente todos os detalhes, como advertências e restrições de uso, e fazer a prova de toque (quando indicada), seguindo todas as instruções.

Deve-se seguir as instruções quanto ao uso em crianças e gestantes e utilizar apenas produtos permitidos para esses públicos. No caso das crianças, apenas linhas infantis devidamente registradas na Anvisa devem ser utilizadas. No caso das gestantes, é preciso cuidado com os produtos que possuem alertas para não utilizar enquanto gestante (ou lactante). Muitos possuem substâncias que podem causar malefícios ao feto ou danos ao lactante. Atualmente, as marcas produzem linhas específicas para cuidados com as gestantes.

14.2 Cuidados durante o uso

Deve-se seguir criteriosamente o modo de uso do produto cosmético. Assim, caso ocorra alguma irritação ou dano inesperado, saberá que não está associado ao uso incorreto.

Havendo contato com os olhos, não hesite em lavar abundantemente e procurar orientação médica. No caso de ingestão, também se faz necessário consultar o médico.

Considerando um mal-estar ou irritação no local da aplicação, retirar o produto imediatamente com água corrente e procurar auxílio médico.

O item a seguir cita as medidas a serem tomadas quanto à comunicação de alguma eventualidade.

14.3 Cuidados pós-uso

Se o produto for utilizado corretamente, de acordo com todas as instruções do rótulo, dificilmente haverá algum dano. No entanto, como eventualidades acontecem, não se pode descartar efeitos como alergias, irritações ou outras reações indesejadas.

Caso ocorra um evento indesejado e o produto ainda esteja sobre o local de aplicação, deve-se removê-lo imediatamente e procurar orientação médica. Somente depois comunica-se à empresa e a Anvisa sobre o ocorrido.

Mesmo que esses efeitos inesperados (irritação, reação alérgica, queda capilar, entre outros) ocorram após a remoção do produto, seja em poucos minutos ou até mesmo dias, sempre priorize a ida ao médico e depois comunique à empresa responsável pelo produto e a Anvisa.

A empresa pode ser comunicada por meio do serviço de atendimento ao consumidor (SAC). Como será solicitada uma série de dados do produto utilizado, é importante guardar a embalagem após o uso.

A Anvisa também deve ser informada. Pode-se enviar o formulário preenchido em anexo para o e-mail cosmeticos@anvisa.gov.br. Esse formulário, que questiona informações pessoais do usuário e do produto, pode ser encontrado no link http://www.anvisa.gov.br/hotsite/notivisa/formularios.htm.

Independentemente da gravidade do acontecimento, o profissional ou usuário deve manter a calma e dar continuidade às medidas de segurança, seja remoção do produto, ida ao médico ou comunicação à empresa. Por isso, deve-se conhecer as informações do produto e estar certo do uso correto. Dessa forma, adquire-se confiança no trabalho.

Outro ponto a destacar é a comunicação do fato à empresa e à Anvisa. Muitas pessoas não procedem à comunicação do incidente, mas somente dessa forma é possível contribuir para que a empresa tente descobrir uma maneira de evitar tais danos, mesmo que o número de usuários que possam sofrer tal eventualidade seja reduzido. Por outro lado, caso haja um lote com alterações, essa é uma das formas de identificar o problema.

Vamos recapitular?

As informações descritas neste capítulo são importantíssimas para quem utiliza cosméticos, seja como usuário direto ou como ferramenta de trabalho. Com esses conhecimentos, o profissional saberá a sequência de medidas a serem adotadas, contribuindo com resultados satisfatórios tanto em relação à saúde do usuário quanto à evolução da formulação cosmética e da empresa.

Agora é com você!

1) Um vendedor lhe apresenta um cosmético capilar cuja marca você desconhece. Esse produto deve ser adquirido apenas confiando na apresentação do vendedor?

2) Imagine-se realizando um procedimento estético facial com um cliente. Ao aplicar a máscara hidratante, observa-se leve vermelhidão. Descreva as ações que devem ser tomadas pelo profissional.

3) Horas após o término de um procedimento estético facial, o cliente entra em contato com o centro estético relatando que está sentindo um certo incômodo na língua. Considerando que você é o profissional responsável, como você lidaria com o caso?

Dicionário de Ativos Cosméticos

Para começar

Ao longo deste livro, viu-se o quanto é importante a compreensão das ações de substâncias ativas. Somente por meio desse conhecimento será possível a escolha do cosmético adequado e a realização de um tratamento cosmetológico eficaz.

Para auxiliar o leitor na sua excelência profissional, este capítulo foi elaborado cuidadosamente a partir da escolha dos princípios ativos mais utilizados pela cosmetologia e pelo mercado da estética.

A

AA2G (ácido ascórbico-2 glicosado) estabilizado em glicose: despigmentante.

Abacate (*Persea gratissima*): emoliente, deixa a pele e os cabelos macios e flexíveis; em sua forma oleosa, não é comedogênico. Indicado para peles e cabelos alipídicos e ressecados.

Abacaxi/bromelina (*Pineapple ananas sativus*): antisséptico, adstringente, queratolítico. Também apresenta ação antioxidante, hidratante, emoliente, suavizante e renovador celular (*peeling*).

Açaí (*Euterpe oleracea*): hidratante, emoliente, suavizante, condicionador, remineralizante e antioxidante. Indicado para produtos hidrossolúveis para pele e cabelos.

Acerola (*Malpighia glabra*): rica em vitamina C, tem ação antioxidante, remineralizante e dermoprotetora. Por conter outras vitaminas dos complexos B e P, minerais e oligoelementos, também promove condicionamento capilar.

Ácido ascórbico (vitamina C): antioxidante, antienvelhecimento, antirradicais livres.

Ácido aspártico: hidratante.

Ácido azelaico: despigmentante. A Anvisa proibiu o uso deste ácido em cosméticos, segundo o parecer técnico 1, de 9 de junho de 2005, da Câmara Técnica de Cosméticos.

Ácido benzoico (*diethylamino hidroxybenzoyl hexyl benzoate*): antiacne, antibacteriano e antifúngico. É contraindicado para crianças com menos de 12 anos.

Ácido bórico: antisséptico e adstringente. Seu uso é proibido em cosméticos, segundo o parecer da Anvisa 552, de 20 de abril de 2002.

Ácido cetílico: emoliente.

Ácido cítrico: despigmentante, renovador celular e antioxidante.

Ácido cumárico: anticelulite.

Ácido esteárico: agente de consistência.

Ácido fenólico: antioxidante.

Ácido ferrúlico: antioxidante e fotoprotetor. Pode apresentar nome comercial Stabyl F®.

Ácido fítico: inibe a tirosinase e tem ação antirradicais livres.

Ácido gálico: adstringente.

Ácido gamalinoleico (AGL): nutritivo.

Ácido glicirrízico: anti-inflamatório, descongestionante.

Ácido hialurônico: hidratante e umectante. Muito utilizado em produtos antienvelhecimento.

Ácido kójico: despigmentante e renovador celular, quando associado a ácidos glicólico e glicirrízico.

Ácido lático: redutor da espessura do estrato córneo e renovador celular.

Ácido lactobiônico: normaliza *turn-over* celular, antioxidante, cicatrizante e hidratante. Utilizado em diferentes cosméticos como hidratantes, antienvelhecimento e para tratamento de peles acneicas.

Ácido lipoico: antioxidante.

Ácido mandélico: anti-inflamatório, antisséptico, hidratante, regenerador da epiderme, esfoliante, queratolítico e antienvelhecimento. Apresenta peso molecular maior que o ácido glicólico, por isso menor permeação cutânea.

Ácido pirúvico: alfa-cetoácido que apresenta propriedades queratolíticas, antimicrobianas e sebostáticas, bem como a capacidade de estimular a produção de colágeno novo e a formação de fibras elásticas.

Ácido retinoico/tretinoína: queratolítico, anti-inflamatório. Uso exclusivamente clínico, devido a sua elevada fotossensibilidade.

Ácido salicílico/beta-hidroxiácido: antioxidante, antisséptico, queratolítico (acima de 2%), *peeling* químico profundo (acima de 10%). Contraindicado para peles muito claras e sensíveis e para pessoas com sensibilidade ao ácido acetilsalicílico (AAS).

Ácido tricloroacético: em concentrações de até 30% é usado para o tratamento de cicatrizes da acne e do envelhecimento cutâneo. Em concentrações maiores é usado no condiloma acuminato, verrugas e *peelings*.

Ácidos gordurosos essenciais (AGE): nutritivos.

Acqua licorice PT: atividade antitirosinase.

Actiglucan: ação anti-irritante e imunomoduladora com ação comprovada e melhora de todos os sintomas associados à pele sensível.

Active Shine: ativo doador de brilho intenso formado por ciclodextrina com silicone que, gradativamente, libera o conteúdo deixando os fios com brilho.

Adenin ou N-6 furfuriladenina: rejuvenescedor, clareador de manchas e redutor de rugas finas. Hormônio vegetal obtido sinteticamente.

Adipol: anticelulite.

Adiporeguline: previne a penetração de glicose e síntese lipídica, reduz a celulite e o tamanho das células armazenadoras de gordura (adipócitos).

Agrião (*Sisymbrium nasturtium*): antiacne, antisséptico, antisseborreico.

Água deionizada: sem micro-organismos, sem conservantes, sem carga elétrica.

Água desmineralizada: sem minerais.

Alantoína: calmante, hidratante, cicatrizante.

Albatin: derivado do ácido aminometilfosfônico, ele inibe a produção de melanina sem agredir as células, portanto não causa despigmentação exagerada na pele, como no caso da hidroquinona.

Alcachofra (*Cynara scolymus*): auxilia a eliminação de líquidos, anticelulite (lipodistrofia).

Álcool cetílico: mistura de alcoóis sólidos alifáticos. Usado em preparações tópicas como emoliente e base de consistência.

Álcool cetoestearílico: emoliente e emulsificante.

Álcool oleílico: agente de consistência.

Aldenine: ação antioxidantes convencional.

Alecrim (*Rosamarinus officinalis*): antisséptico, anti-inflamatório, estimulante, tonificante antisseborreico.

Alfabisabolol (*bisabolol*): calmante, descongestionante, cicatrizante, antisséptico.

Alface (*Lactuca scariola sativa*): calmante, emoliente.

Alfa-hidroxiácidos (AHA): indicados como amaciante, hidratante e esfoliante. Hidratantes em baixa concentração (até 5%) dão flexibilidade à pele; em altas concentrações, são irritantes (*peelings*). São eles:

> » ácido lático: leite;
>
> » ácido mandélico: amêndoas;
>
> » ácido málico: maçã;
>
> » ácido tartárico: uva;
>
> » ácido glicólico: cana-de-açúcar.

Alga marinha: tonificante, hidratante, revitalizante, remove excesso de gordura da epiderme, estimula circulação sanguínea e favorece respiração cutânea. O INCI varia de acordo com o tipo de alga (*Laminaria sacharina, Fucus vesiculosus, Macrocystis pyrifera*).

Algisium C® (*Organic silicium*): anti-inflamatório, lipolítico, regenerador epidérmico, hidratante com elevada permeabilidade cutânea e fixação dérmica. Também promove elasticidade à epiderme.

Alistin: peptidomimético da carcinina que tem a capacidade de proteger o DNA e as proteínas (antiglicante e desglicante), sendo um excelente varredor de radicais livres e carboxílicos.

Aloe vera (Aloe varvadensis): anti-inflamatório, hidratante, calmante e estimulante do crescimento celular.

Alpine rose: protege contra a oxidação de proteínas da pele, restaura a elasticidade da pele e reduz a ocorrência do herpes simples tipo 1.

Alpure 96: completamente elaborado com grãos de milho, apresenta características físico-químicas e sensoriais e padrão de qualidade ideais para as formulações dermocosméticas.

Alteia: calmante, emoliente.

Amarashape: redutor de medidas, auxiliar no processo de delineamento das formas do corpo, promove a lipólise (queima de gordura), melhora a elasticidade, firmeza e suavidade da pele.

Amêndoa doce (*Prunus amygdalus dulcis*): emoliente, nutritiva, calmante.

Aminofilina: liporredutora, anticelulite.

Aminoácidos da seda: proporcionam um extraordinário brilho aos cabelos.

Andiroba (*Carapa guianensis*): emoliente, hidratante, antisséptica, cicatrizante.

Anfótero betaínico/cocoamidopropilbetaína: tensoativo suave.

Anti-ox-night: possui ação global sobre todas as manifestações do envelhecimento cutâneo, por meio da associação balanceada e sinérgica de tecnologias de última geração, como embiopeptídeos, micronutrientes e potentes antioxidantes.

Aquasense: antienvelhecimento. Indicado para indivíduos com dermatite atópica, ressecamento e descamação da pele.

Aquaphyline®: indicado para hidratação intensa, preserva a elasticidade da pele e previne o aparecimento de rugas.

Aquaporine®: hidratante com ação preenchedora, em virtude da reposição de teores hídricos.

Argisil C: tratamento da celulite.

Arbutin® (*Arctostaphylos uva ursi*): despigmentante. Não deve ser associado ao ácido glicólico.

Argila (branca e verde): adsorvente de oleosidade.

Argireline®: hexapeptídeo que reduz a tensão muscular facial e a profundidade das rugas de expressão.

Arnica (*Arnica montana*): calmante, descongestionante, estimulante. Muito indicada para o combate do excesso de oleosidade.

Ascorbosilane C (*Ascorbyl Methylsilanol Pectinate*): antirradicais livres.

Aveia (*Avena sativa*): hidratante, emoliente.

Avelã (*Corylus avellana*): emoliente.

Avena eyes: indicado para o tratamento de peles envelhecidas, olheiras, rugas ao redor dos olhos, tratamento facial e corporal de peles ressecadas, além de auxiliar na manutenção da integridade cutânea.

Azuleno: calmante, descongestionante e anti-inflamatório.

B

Babaçu (*Orbignya phalerata*): emoliente.

Barbatimão (*Barbatiman*): adstringente, antisséptico e anti-inflamatório.

Bardana: desintoxicante, anti-inflamatório e antisséptico. Indicada para peles sensíveis, oleosas, seborreicas e acneicas.

Base Amisol® Soft: previne a irritação e o ressecamento.

Base Loção Hydra Fresh: proporciona uma base única, um alto poder de hidratação e um sensorial único, com a principal vantagem de ser compatível com uma grande variedade de ativos.

Belides: surpreendente capacidade de inibição da melanogênese.

Benjoim (*Styrax benzoin*): antisséptico, cicatrizante.

Benzofenona 3: fotoproteção na faixa UVB e UVA.

Betaglucan: calmante.

Bétula (*Betula alba*): antiacne, tonificante, nutritiva, estimulante, cicatrizante.

Bio Arct: substância retirada do Mar Ártico, com potente efeito antirradicais livres.

Biodynes: derivado de células de leveduras, tem a propriedade de estimular células epiteliais, como os fibroblastos. Aumenta a síntese de colágeno e elastina, deixando a pele mais lisa e macia.

Bioex antilipêmico® (arnica + castanha-da-índia + *Centella asiatica* + algas + hera + erva-mate + cavalinha): ativa a microcirculação e o metabolismo, é descongestionante, anti-inflamatório e lipolítico.

Bioex capilar: complexo que reúne os principais ativos das seguintes matérias-primas: jaborandi, quina, *capsicum*, pólen, arnica, urtiga, *ginseng* brasileiro, gema de ovo e gérmen de trigo.

Bioex citrus: brilho, suavidade e leveza. Auxilia o equilíbrio do sistema capilar, promovendo limpeza profunda, além de favorecer a eliminação de impurezas que possam sufocar o couro cabeludo e desvitalizar os fios.

Bioflavonoides (*Bioflavonoids*): antioxidantes, antienvelhecimento.

Biomin: complexo de cinco minerais (magnésio, ferro, zinco, cobre e silício) que estão complexados covalentemente com peptídeos por um processo biotecnológico. Restaura a aparência natural e o turgor das peles estressadas, cansadas e/ou agredidas pelo sol.

Biopeptide EL™: proporciona firmeza e repara demais danos associados ao envelhecimento.

Biorusol II SCA: indicado em problemas microcirculatórios, como couperose e celulite. Além disso, tem capacidade de suprimir o desenvolvimento do eritema e edema induzidos pelos raios ultravioleta, além de ser muito eficaz para olheiras.

Biosalix: extrato de *Salix nigra*, planta rica em salicinas, que são sais de ácido salicílico, com excelente ação antimicrobiana, queratolítica, antisséptica e antiacneica.

Biotin B$_8$®: diminui a atividade das glândulas sebáceas, tem ação adstringente, epitelizante e anti-inflamatória.

Biotina: adstringente, anti-inflamatório e controlador de oleosidade.

Biowhite: complexo dos extratos vegetais *Saxifraga stolonifera*, *Vitis vinifera*, *Morus nigra* e *Scutellaria baicalensis*, com ação inibidora da tirosinase.

Blueberry: antioxidante, indicado para todos os tipos de pele.

Butilenoglicol: utilizado como solvente, agente regulador da viscosidade e umectante, pois inibe o ressecamento da formulação.

Butil-hidroxitolueno (BHT): utilizado como antioxidante na fase oleosa no processo de fabricação de cremes e loções.

C

Cacau (*Theobroma cacao*): emoliente, hidratante e regenerador.

Cafeína: anticelulite, aumenta o metabolismo, ativa a circulação (lipolítica).

Cafeisilane C: é mais eficaz que a cafeína pura; sua penetração cutânea e biodisponibilidade são aumentadas.

Cafeiskin: tratamento da celulite.

Calamina: secativa.

Calêndula (*Calendula officinalis*): anti-inflamatória, cicatrizante, antisséptica, calmante.

Camomila (*Chamomilla recutita*): calmante.

Canela (*Cinnamomum*): tonificante, antisséptica, estimulante.

Cânfora: antisséptica, anti-inflamatória, cicatrizante.

Caracol (*Cryptophalus aspersa*): regenerador, revitalizador e cicatrizante.

Carambola (*Averrhoa carambola*): estimula a síntese de colágeno, melhorando a elasticidade da pele e atenuando rugas.

Carbopol: agente espessante que, devido à sua alta afinidade com água, forma gel.

Carité (*Vitellaria paradoxa*): hidratante por oclusão e cicatrizante. Previne o envelhecimento cutâneo e revigora peles e cabelos secos e frágeis.

Carnaúba: emoliente.

Castanha-da-índia/escina (*Aesculus hippocastanum bark*): antiedematosa, protetora da parede dos vasos.

Castanha-do-pará (*Bertholletia excelsa*): hidratante, emoliente e revitalizante.

Cavalinha (*Equisetum arvense*): adstringente, emoliente, cicatrizante. Também promove aumento da elasticidade da pele.

Caviar: protetor e hidratante da pele e dos cabelos. Remineralizante e fortificante. Indicado para peles maduras, desidratadas, descamativas e ressecadas, bem como para cabelos ressecados e desvitalizados.

Caulim/argila branca: clareador, secativo.

***Centella asiatica*:** anti-inflamatória; aumenta a circulação, o metabolismo e a síntese de fibroblastos; cicatrizante.

Ceramida: hidratante, reduz aspereza da pele e cabelos, repara peles secas e sensíveis, aumenta a resistência capilar.

Cetoconazol: antifúngico, anticaspa e antisseborreico (capilar).

Celulinol: indicado como coadjuvante no tratamento de celulite, paniculoses, lipoescleroses, fibroedemas, adiposidades. Associações recomendadas com efeito sinérgico: adipol, fator antilipêmico.

Ceramidas: substâncias que compõem o cimento (gordura) intercelular para manter a umidade da pele. Ação hidratante.

Chá-verde (*Camellia sinensis*): bactericida, adstringente, anti-inflamatório, antioxidante, antilipídico e estimulante de circulação periférica.

Chá-vermelho (*Camellia sinensis*): desintoxicante e antioxidante. Indicado para lipodistrofia ginoide e peles maduras.

Citobiol iris: complexo baseado no extrato de íris germânica, associado com o zinco, com um antisséptico e um regulador enzimático, além de vitamina A hidrossolúvel.

Citrolumine 8: antienvelhecimento; para clarear a pele e manchas (sardas, senis ou de sol); iluminadores; antiolheiras.

Climbazol: antifúngico que atua como anticaspa.

Cloreto de cetil trimetil amônio: agente antiestático, fornece condicionamento para os cabelos, bem como maciez e desembaraçamento dos fios.

Cloridróxido de alumínio: utilizado como adstringente e desodorante por sua propriedade antiperspirante.

Coaxel: destinado ao tratamento cosmético dos problemas de silhueta e de sobrecarga adiposa.

Coenzima Q10 (*Ubiquinone*): antioxidante, antirradicais livres.

Coffea active: antienvelhecimento; anticelulítico; tonificante; drenante; revitalizante; fotoprotetor; antioxidante.

Colágeno hidrolisado: antienvelhecimento, tonificante.

Colágeno marinho: efeito restaurador e protetor. Confere maciez, volume, brilho e textura agradável aos cabelos.

Complexo desmineralizante: evita o alaranjado e o esverdeado dos cabelos descoloridos.

Concentre Coralline: concentrado rico em oligoelementos (cálcio, magnésio, zinco) e aminoácidos. Possui ação vasoconstritora, regeneradora e estimula a oxigenação celular.

Confrei (*Symphytum officinale*): calmante, cicatrizante.

Copaíba (*Copaifera officinalis*): germicida, antisséptica e doadora de brilho (capilar).

Copolímero de acrilato/acrilato de alquila: espessante das formulações cosméticas.

Coup D'Eclat®: antioxidante, estimulante, regenerador, tensor, hidratante e anti-inflamatório.

Creme Amisol Soft: mistura otimizada de fosfolipídios, fitoesteróis e lipídios vegetais que forma um filme lipídico biomimético na superfície da pele, prevenindo a irritação e o ressecamento.

Creme Biophilic® H: combina as propriedades dos fosfolipídios com outros lipídios vegetais e possui a capacidade de armazenar ativos que são continuamente liberados quando o creme penetra na pele. Ajuda a restaurar a barreira cutânea de uma pele danificada. Composto de lecitina hidrogenada, facilita a penetrabilidade do ativo por formar micelas lamelares que possuem total afinidade com a pele.

Creme Olivem: conta com o poder antioxidante do óleo de oliva. Toque nutritivo por muitas horas do dia.

Cytobiol Iris: age no controle da flora bacteriana na pele e na melhora dos sinais visíveis da acne e pele oleosa.

Cytovector Ferulic: ácido ferúlico nanoencapsulado em lipossomas de terceira geração, por meio de uma nova tecnologia. Esse ativo possui habilidade de "varrer" os radicais livres e induzir a uma resposta celular saudável ao estresse, por meio de uma regulação positiva das enzimas citoprotetoras.

D

Deliner: extrato de *Zea mays* especial (não geneticamente modificado) facilmente incorporável em formulações cosméticas, possui propriedades antienvelhecimento reestruturadoras da matriz extracelular, pois estimula a síntese de fibronectina pelos fibroblastos.

Densiskin®: hidratante por umectação, anti-inflamatório, atenua linhas de expressão e rugas, ativa o metabolismo celular, estimula a produção de colágeno e elastina.

Dermawhite®: clareador cutâneo. Indicado para manchas hipercrômicas e peles fotoenvelhecidas.

Dermonectin: estimula a síntese de maior quantidade de fibronectina, importante para a elasticidade da pele e diminuição de rugas.

Detox Cell: *blend* composto de frutas vermelhas (amora, framboesa e morango), chá verde e exopolissacarídeo, cuja função exclusiva é desintoxicar a pele, revertendo os danos causados pelo estresse urbano, poluição e radiação.

Di-hidroxicetona (DHA): repigmentante temporário da pele (bronzeamento a jato). Autobronzeador, atua no estrato córneo da pele.

Dióxido de titânio (*titanium dioxide*): filtro solar físico.

DMS: base de origem vegetal com estrutura e composição idênticas às da pele humana, por isso, regenera 100% as imperfeições e as deformidades da pele, principalmente pós-*peeling*.

DMAE®/dimetilaminoetanol (*dimethyl MEA*): ação tensora para pele flácida.

DNA vegetal: ácido desoxirribonucleico encontrado em todos os seres vivos. O DNA tem propriedades de hidratação e também cicatrizante.

D-pantenol: obtido por redução do ácido pantotênico, tem ação cicatrizante, sendo empregado em formulações para queimadura, úlceras e ferimentos. Possui também ação antisseborreica e eutrófica para o folículo piloso, razão do seu emprego em formulações para alopécia seborreica, sendo ainda umectante e estimulante do metabolismo epitelial.

Drain Intense OE: indicado para o combate à celulite e pernas cansadas. Também apresenta aplicação e deslizamento adequado em sessões de drenagem linfática, potencializando o efeito do procedimento estético.

Dragosine: ativo alto potencial antiglicante, evita o *cross-linking* das macromoléculas, a formação de rugas e o envelhecimento precoce.

DSBC® (*silanediol salicylate*): feito com silício orgânico e ácido salicílico, apresenta ação antioxidante, anti-inflamatória e queratolítica.

DSHC® (*dimethyl-silanol hyaluronate*): feito com silício orgânico e ácido hialurônico, é hidratante e regenerador cutâneo.

E

EDTA: agente quelante, sequestrante de metais.

Elastina: aumenta a elasticidade da pele (peles maduras).

Endorphin®: ativo neurocosmético. Revitaliza peles envelhecidas.

Enxofre: antisséptico, cicatrizante.

Epiderfill: ácido hialurônico de baixo peso molecular. Produto de origem biotecnológica, liofilizado e microencapsulado em nanosferas. Penetra na pele e se hidrata com a água cutânea por ser muito hidrofílico. Aumenta o volume e preenche espaços, diminuindo a flacidez.

Eritromicina: antibiótico para acne (bactericida).

Erva-cidreira: adstringente.

Erva-doce (*Foeniculum vulgare*): calmante, antisséptica.

Esqualeno: antienvelhecimento, antioxidante.

Essenskin®: fortifica e reestrutura a pele fina e frágil das pessoas com mais de 60 anos.

Eurol BT: proteção celular dos fibroblastos; antioxidante; previne e reverte os sinais do envelhecimento cutâneo; neutraliza os danos causados pelo fotoenvelhecimento; combate os radicais livres com potência 2,5 vezes maior que as vitaminas C e E; aumenta a elasticidade da pele em 80%.

Eucalipto: estimulante, descongestionante.

Eucaliptol: antisséptico, calmante.

Extrato de agrião (*Sisymbrium nasturtium extract*): adstringente.

Extrato de alcaçuz: atua como agente anti-irritante e antiinflamatório natural, pois ajuda a suavizar e aliviar a pele irritada. Emoliente e refrescante.

Extrato de alface: utilizado como repositor do teor hídrico da pele, conferindo também ação calmante e descongestionante em peles sensíveis e irritadas.

Extrato de algas marinhas: protetora do tecido cutâneo e ativadora do metabolismo, usada como coadjuvante nos tratamentos cosméticos da celulite. Em tratamentos cosméticos para cabelos, confere mais brilho e volume.

Extrato de asafetida: reduz a melanogênese, ocasionando uma uniformização da tonalidade da pele. Pode promover o clareamento da pele.

Extrato de calêndula: utilizado como grande agente cicatrizante, antisséptico, bacteriostático, calmante, descongestionante e antissensibilizante. Normalmente presente em produtos que previnem a acne.

Extrato de camomila: possui propriedades calmante, fungicida, cicatrizante, antiinflamatória e antisséptica.

Extrato de *capsicum*: rubefaciente, revulsivo, tônico capilar, antisséptico e estimulante da circulação periférica. Estimulante capilar na restauração do bulbo piloso, restaurador da pele do corpo e do rosto.

Extrato de castanha-da-índia: usado em produtos capilares para reduzir a queda capilar e em produtos anticelulite como estimulante da circulação local. É adstringente, tonificante, antisséptico e anti-inflamatório.

Extrato de *centella asiatica*: ação rubefaciente (provoca sensação de aquecimento/ardência), estimulante da circulação periférica, descongestionantes, anti-inflamatórios, agentes hiperêmicos.

Extrato de confrei: rico em vitaminas, nutre e hidrata a pele e os cabelos.

Extrato de erva-doce: ação refrescante, desodorizante, suavizante, calmante, antisséptica, antioleosidade e anti-inflamatória.

Extrato de flor de tília: analgésico, anti-inflamatório com ação refrescante.

Extrato de _Gingko biloba_: ação profilática do envelhecimento celular e tratamento estético pela ação protetora contra radicais livres e pela inibição da destruição do colágeno.

Extrato de hamamélis: propriedades adstringentes. Usado em produtos para pele oleosa, acneica e/ou com poros dilatados.

Extrato de hera: estimulante metabólico, vasoconstritor, descongestionante, anti-inflamatório, antilipêmico e adelgaçante.

Extrato de hortelã: antisséptico, tonificante e adstringente.

Extrato de jaborandi: muito utilizado em produtos para atenuar a queda de cabelos.

Extrato de malva: efeito calmante e descongestionante. Usado em tônicos e loções.

Extrato de maracujá: hidratante, calmante e antioxidante.

Extrato de melissa: extrato vegetal calmante, usado em tônicos para peles sensíveis, suavizante e antiestresse.

Extrato de pêssego: possui propriedades hidratantes, remineralizantes, antioxidantes, protetoras e restauradoras.

Extrato de própolis: extraído do mel de abelhas, possui ação secativa, hidratante, antisséptica, adstringente, cicatrizante, hemostática, bactericida e fungicida.

Extrato de sete ervas: extrato de alecrim, arnica, camomila, castanha-da-índia, confrei, jaborandi e quina. Possui ação antiinflamatória, vasoprotetora, suavizante, hidratante e protetora dos tecidos.

Extrato de tília: particularmente recomendado para o uso em produtos para pele irritada, sensível ou após exposição solar.

Extrato glicólico de chá verde: estimulante, adstringente, antioxidante, antilipêmico, adelgacante, antibacteriano. Melhora a microcirculação periférica, normalizando a permeabilidade capilar.

Extrato glicólico de gengibre: estimula a circulação nos vasos sanguíneos periféricos.

Eye liss: ajuda a prevenir e combater as bolsas abaixo dos olhos.

F

Fenol: _peeling_ profundo.

Fitoendorfina: ativo neurocosmético. Utilizado em cosmético antienvelhecimento, promove revitalização e rejuvenescimento. São pequenas cadeias de peptídios (muito parecidos com as endorfinas), derivados de vegetais.

Flavonóis: bioativos de origem vegetal com ação antioxidante, além de aumentarem a resistência dos vasos sanguíneos.

FloraGlo Lutein: protege contra os comprimentos de onda das lâmpadas fluorescentes (luz azul); quela os radicais livres resultantes da exposição aos raios UVB; ação antioxidante; fotoprotetor; reduz a peroxidação dos lipídios; aumenta a hidratação e a elasticidade da pele.

Fluido de silicone® (_ciclometicone_): emoliente e protetor contra ressecamento da pele.

Fucogel: utilizado em formulações destinadas a peles sensíveis e delicadas, como as de crianças, ou em casos de eritema solar, dermatites e psoríase.

G

Gatuline age defense (gattefossé): ativo contra o fotoenvelhecimento. Protege o *pool* antioxidante das células, o aparato celular que responde ao estresse oxidativo e minimiza suas consequências (apoptose celular induzida por radiação UV e reações inflamatórias).

Gengibre (*Zinziber officinale*): estimulante, aumenta a circulação.

Gérmen de trigo (*Triticum aestivum*): hidratante, antirradicais livres, cicatrizante.

Ginkgo biloba: antirradicais livres, nutritivo, antioxidante, estimulante, oxigenante, melhora a circulação periférica.

Girassol: emoliente, hidratante, anti-inflamatório, nutritivo.

Glicosaminoglicanas: inibe degradação do colágeno, por isso muito utilizada em fórmulas para peles fotoenvelhecidas.

Glicosferas de vitamina C: nanopartículas adaptadas para estabilizar a vitamina C pura (L-ácido ascórbico) por muito mais tempo, assegurando boa absorção e eficácia quando aplicada sobre a pele.

Gluconolactona: poli-hidroxiácido com ação de renovação celular, hidratante e antioxidante.

Goma guar quartenizada: ativo que fornece um toque sedoso aos cabelos. Como é quartenizada, contém cargas positivas em sua estrutura, que desencadeia nos cabelos um efeito condicionante.

Goma xantana: espessante.

GPS trealose: evita a desidratação porque não deixa que a célula perca água.

Guaraná (*Paullinia cupana*): anticelulite, estimulante, lipolítico.

H

Hair active: atenua a queda por meio da ação simultânea sobre os dois principais fatores responsáveis pelo bom funcionamento do ciclo capilar: o sistema vascular e o sistema celular. Age como um poderoso vasodilatador que pode reativar a microcirculação ao nível do bulbo capilar, favorecendo a irrigação e estimulando, dessa maneira, o fornecimento de nutrientes que favoreçam o fortalecimento capilar.

Haloxyl: aplicado em tratamento de olheiras, produtos para cuidado dos olhos, corretivos.

Hamamélis (*Hamamelis virginiana*): adstringente, calmante.

Happybelle®: ativo sensorial que estimula os fibroblastos e queratinócitos, revitaliza, acalma, tonifica e hidrata a pele.

Hera (*Hedera helix*): anti-inflamatória, anticelulite, cicatrizante, descongestionante.

Herbasol pomegranate: ação firmadora e refrescante. Também com propriedade calmante da pele, o ativo é um produto natural, derivado da romã, fruta cujo suco é usado como aromatizante. Já a casca, com seu poder adstringente, é muito usada na medicina - na Índia, é empregada no combate à diarreia e disenteria crônica, além de também ser muito usada em gargarejos para a dor de garganta.

Hidraction (NMF, do inglês *natural moisturizing factor*): fator de hidratação natural (hidratante).

Hidraskin®: hidratante, contém lactato (substância do manto hidrolipídico). Indicado para peles oleosas, desvitalizadas, desidratadas e secas.

Hidrogel® ou colágeno hidrolisado: aumenta a resistência dos fios de cabelo. Para a pele, pode atuar como fonte de aminoácidos, assim como colaborar com o aumento da quantidade de água, promovendo a hidratação da epiderme e auxiliando na diminuição das rugas finas.

Hidroquinona: despigmentante fotossensibilizante.

Hidroquisan: indicado para o tratamento de discromias.

Hidroviton® (NMF): fator de hidratação natural (hidratante).

Hidroxietilcelulose: retém alta concentração de água dentro da sua estrutura. Fornece consistência e viscosidade ao gel.

Hilurlip (ácido hialurônico ultramicronizado): para preenchimento labial não invasivo, efeito de preenchimento duradouro, aumenta a umectação, protege de agressões ambientais, promove hidratação da pele facial e corporal. Também contém o tripeptídeo GHK, antioxidante, inibe a glicação.

Hortelã (*Mentha piperita*): antisséptica, refrescante, suavizante.

HPS 3®: hidratante, antioxidante, anti-inflamatório, estimula a síntese de glicosaminoglicanas, melhorando a firmeza e elasticidade da pele.

H-Vit: extrato glicólico composto de alcaçuz, rosa canina, chicória, óleo de castanha-do-pará e oligoelementos de algas vermelhas, além das vitaminas biotina, pró-vitamina B5 e mentol.

Hydrasalinol: indicado para todos os tipos de pele, sendo excelente também para peles atópicas; prevenção e tratamento do envelhecimento; área dos olhos, mãos, pés, pernas etc. Formulações pós-sol e filtros. Pode ser usado em creme, gel, gel-creme etc.

Hydroxyprolisilane CN: acelera o processo regenerativo e restaura a elasticidade cutânea. Atua contra o envelhecimento cutâneo. Normaliza a permeabilidade capilar. Previne a formação de estrias.

Hyperemin: potente agente hiperemiante, vasodilatador, antiinflamatório e promotor de aquecimento da pele.

I

IDB-light: idebenona lipossomada, que garante a estabilidade desta molécula e otimiza sua penetração na pele.

Idebenona (*Hydroxydecyl ubiquinone*): antioxidante, hidratante redutor de rugas e despigmentante.

Instabronze: autobronzeante e ativador do bronzeado.

Iodeto de potássio: anticelulite.

Iodotrat: eficaz no tratamento cosmético tópico de celulite e alterações relacionadas, como nódulos adiposos e aparência de "casca de laranja".

Íon 2 mineral: desenvolvido com minerais biotecnológicos que promovem a bioeletricidade cutânea, ou seja, mimetizam os sinais elétricos da pele, facilitando a comunicação celular, e assim estimulam o processo rejuvenescedor.

Íris Iso®: rico em isoflavonas, antienvelhecimento, hidratante, antirradicais livres.

Irgasan: antisséptico, bactericida de amplo espectro e fungicida.

Isoflavona: antirradicais livres, hidratante.

Iso-Slim complex: tratamento da celulite.

J

Jaborandi (*Pilocarpus pennatifolius*): antisséptico, hidratante, suavizante e protetor de tecidos cutâneos. Estimula o crescimento, a maciez e o brilho capilar.

Jojoba (*Simmondsia chinensis*): antiacne (controla o excesso de oleosidade) e anticaspa (capilar).

K

Karité: excelente emoliente e hidratante com propriedade anti-irritantes.

Keratin complex: regulador da hidratação da haste capilar. Indicado para cabelos danificados e desidratados, peles desidratadas e unhas fracas.

Kiwi (*Actinidia deliciosa*): hidratante, emoliente.

Kójico dipalmitato: clareamento da pele facial e corporal, tratamento de distúrbios pigmentares como manchas da idade ou do sol, sardas e cicatrizes. Cuidados antienvelhecimento, proteção solar, formulações pós-sol e autobronzeadores.

L

Lactato de amônio: hidratante por umectação e por osmolaridade. Indicado para peles secas, ressecadas, desvitalizadas, envelhecidas e produtos para os pés.

Lanablue®: estimula a reestruturação celular, suaviza a pele e estimula a diferenciação dos queratinócitos. Indicado para peles desvitalizadas, envelhecidas e fotoenvelhecidas, além de prevenir o envelhecimento.

Lanolina: atenua o ressecamento do cabelo, dando brilho, maciez e flexibilidade. Promove suavidade à pele, tornando-a acetinada.

Laranja azeda: ativa a circulação, auxilia na eliminação de toxinas.

Laranja doce: regenera tecidos (peles secas e maduras).

Lauriletersulfato de sódio: tensoativo.

Laurilsulfato de sódio: tensoativo.

Lavanda (*Lavandula angustifolia*): antisséptica, calmante.

Lecigel: novo conceito de polímero, desenvolvido com fosfolipídeos da soja. O resultado dessa associação é uma emulsão dermocompatível, com sensorial único e inovador, de origem vegetal e sustentável, indicada para uso diário ou pós-procedimentos estéticos.

Lecitina de soja: aminoácido encontrado na soja, excelente fonte de fosfolipídios e vitaminas do complexo B, responsáveis pela saúde das células corporais. Possui ácidos graxos polinsaturados, que mantêm a saúde da pele.

Life Skin: contém 15 dos 20 aminoácidos codificados pelo DNA humano. Os aminoácidos essenciais são usados pela célula humana para construir proteínas como enzimas, colágeno, elastina, queratina, miosina muscular e actina.

Liftessense: efeito tensor imediato.

Liftiline: composto de frações de proteínas extraídas do trigo que proporcionam a formação de um "filme" viscoelástico sobre a pele. Esse filme penetra nas camadas mais profundas da pele, proporcionando resistência e estabilidade da pele.

Limão: antisséptico, estimulante.

Linefactor: novo agente antienvelhecimento que age mimetizando a função das glicosaminoglicanas, protegendo e mantendo os níveis de fator de crescimento de fibroblastos. Com isso, haverá estímulo à multiplicação celular, síntese do colágeno e das glicosaminoglicanas, em particular as sulfatadas.

Lipogard®: mistura de coenzima Q10 e vitamina E, dissolvidos em esqualeno. Possui ação antioxidante.

Lipolysse: complexo anticelulítico revolucionário que apresenta em sua composição cafeína, café verde, asiaticoside e L-carnitina.

Lipomoist® elasticity: nanocomposição de goma guar, goma xantana e uma mistura de frações específicas de oligopeptídios que promovem um aumento na síntese de elastina.

Lipomoist® firming: composto de uma submicrodispersão de heteropolisacarídios e peptídios derivados de plantas, obtidos por técnicas de microfluidização sob alta pressão, que formam uma monocamada molecular sobre pele, liberando aos poucos os ativos estimulantes da síntese de colágeno tipo IV.

Liporeductyl: redução de medidas nas áreas onde ocorre acúmulo indesejável de gordura e celulite, como coxas, glúteos, culotes, abdômen, costas e braços.

Lipossomas *Ginkgo biloba*: a *Ginkgo biloba* tem sido indicada como auxiliar nos tratamentos de celulite, estimulando a circulação sanguínea e linfática, melhorando assim a nutrição e a oxigenação do local. Também é utilizada em regiões de grande acúmulo de água, colaborando na diminuição de edemas e inchaços.

LN2 OUT: atua na manutenção da saúde do corpo e revitaliza o brilho natural da pele, cabelos e unhas.

Loção Biophilic H: combina as propriedades dos fosfolipídios com outros lipídios vegetais e possui a capacidade de armazenar ativos que continuamente são liberados quando o creme penetra na pele.

Loção Olivem: conta com todo o poder antioxidante do óleo de oliva. Toque nutritivo por muitas horas do dia.

M

Macadâmia (*Macadamia ternifolia*): regeneradora, emoliente.

Malva (*Malva sylvestris*): emoliente, calmante.

Manteiga de cacau: emoliente.

Manteiga de carité: emoliente, regeneradora. Altamente apreciada pelas suas características emolientes e hidratantes naturais, em aplicações voltadas ao tratamento cosmético cutâneo e capilar.

Manteiga de cupuaçu: possui alta capacidade de absorção de água. Proporciona elasticidade e suavidade à pele.

Manteiga de ilipé: favorece o equilíbrio do manto hidrolipídico e a hidratação.

Maracujá (*Passiflora edulis*): calmante, descongestionante.

MatrixylTM: microcolágeno composto de pentapeptídios. Estimula formação do tecido conjuntivo, logo possui ação antienvelhecimento.

MDI Complex: reduz o aparecimento de rosáceas e veias varicosas nas pernas, sendo efetivo também na redução de telangiectasias (vasos faciais aparentes) e olheiras.

Mel (*Apis*): hidratante, nutritivo.

Melaleuca (*Melaleuca alternifólia*): ação germicida, bacteriostática, fungicida, antimicrobiana e anti--inflamatória.

Melaslow: promove a despigmentação e o clareamento das manchas senis.

Melawhite (2 a 5%): auxilia a minimizar o bronzeamento da pele e pigmentações preexistentes e pós--adquiridas, como sardas e manchas senis.

Melfade: mistura de despigmentantes, dentre os quais *bearberry* (*Arctostphylos uva ursi* extrato) e fosfato de ascorbil magnésio.

Melissa (*Melissa officinalis*): calmante, hidratante, antisséptica.

Melitane: fotoprotetor natural que estimula a melanina, protegendo de danos celulares fotoinduzidos. Regula as citoquinas pró-inflamatórias, garantindo assim um bronzeamento natural, evitando a formação de radicais livres, sem causar eritema, ardência ou sensação de hipertermia cutânea.

Menta (*Mentha*): antisséptica, refrescante, estimulante.

Mequinol: monometiléter de hidroquinona.

Morango: adstringente, calmante.

N

Nanokójico: o ácido kójico age superficialmente, enquanto o nanokójico penetra nas camadas mais profundas da pele, agindo de dentro para fora, tornando o tratamento mais duradouro.

Nano LPD's slimming: o óleo de melaleuca é conhecido por apresentar atividades antissépticas, antibacterianas, antifúngicas, antivirais, antitumorais e anti-inflamatórias.

Nanovetor cafeína: forma da cafeína nanoencapsulada que estimula a circulação local, auxiliando na drenagem e redução de bolsas e olheiras.

Nanovector coenzima Q10: prevenção e tratamento do fotoenvelhecimento.

Nanovector DMAE: produto multifuncional para o tratamento antienvelhecimento. Ação firmadora da pele em curto e longo prazos, com "efeito cinderela" imediato.

Nanovector melaleuca: produtos antiacne (sabonetes, géis, tônicos, lenços umedecidos), anticaspa (xampus e condicionadores), protetores labiais para tratamento da herpes.

Nanovector vitamina C: todas as propriedades antioxidantes da vitamina C com maior eficácia por estar nanoencapsulada. A forma nanoencapsulada agrega ao produto final a multifuncionalidade da hidratação proporcionada por essas partículas, que impedem a perda de água transepidérmica.

Nanowhite: mix de despigmentantes em sistema lipossomado que atua na despigmentação cutânea. Não causa irritação nem descamação, como os outros ativos com a mesma finalidade.

NAPCA® (fator natural de umectação): mantém a umectação (hidratação natural da pele).

Natuplex celutrat: tratamento da celulite.

Neurocafein: celulite, gordura localizada e flacidez.

Neuroxyl®: ativo neurocosmético. Composto de dois neuropeptídios, retarda o processo de envelhecimento, mantém a hidratação e a oleosidade natural da pele.

Nicotinato de metila: anticelulite, ativador da circulação, provoca hiperemia.

NIKKOL VCIP: promove a síntese de colágeno e despigmentação.

Nutriskin®: Di e tripeptídios de baixo peso molecular. Aumenta o metabolismo celular, nutre, oxigena e atenua linhas e sulcos da pele.

O

Octyl salicylate: ação antioxidante e de decomposição de peróxidos, empregado no controle da caspa.

Óleo de abacate: propriedades emolientes, dermoprotetoras, hidratantes, lubrificantes, suavizantes e condicionadoras.

Óleo de algodão: utilizado para restaurar a barreira lipídica.

Óleo de amêndoas: fornece maior hidratação e mantém a oleosidade natural dos cabelos e da pele, perdidas pela ação do detergente.

Óleo de andiroba: promove ação anti-inflamatória e regeneradora, destinada ao tratamento cosmético da celulite e regeneração cutânea.

Óleo de argan: produto natural resultado da pressão das amêndoas extraídas e dos frutos secos de argan, uma árvore disponível apenas no território da reserva de biosfera no sul de Marrocos.

Óleo de avelã: emoliente, usado para cabelos enfraquecidos, dando-lhes força e brilho. Umectante, amaciante e rico em nutrientes.

Óleo de baru: age como ótimo hidratante para a pele e atenua a presença de estrias.

Óleo de buriti: excelente emoliente, antioxidante natural e rico em tocoferóis.

Óleo de cenoura: propriedades regeneradoras da pele, dada a presença de carotol e daucol, ambos componentes anti-inflamatórios, cicatrizantes e citofiláticos.

Óleo de cereja: alto poder de emoliência para cabelos ressecados.

Óleo de damasco (*apricot*): umectante, ideal para cabelos secos e sensíveis. Confere brilho e maciez.

Óleo de gérmen de trigo: suavizante, hidratante e emoliente. Recomendado para peles sensíveis desidratadas. Funciona ainda como regenerador capilar.

Óleo de girassol: neutraliza os radicais livres, evitando o envelhecimento da pele. Reforça os mecanismos de proteção celular. Ação emoliente e reepitelizante dérmica.

Óleo de macadâmia: tem alto poder de emoliência, conferindo maciez e brilho aos cabelos.

Óleo de maracujá: proporciona um toque de suavidade, quando aplicado na pele.

Óleo de melaleuca: possui alto espectro antimicrobiano, sendo antisséptico.

Óleo de pequi: óleo emoliente, protetor, cicatrizante e antifúngico.

Óleo de pêssego: usado em tratamentos cosméticos capilares. Confere maciez e suavidade.

Óleo de pracaxi: poderoso cicatrizante dermatológico, auxilia na hidratação e na renovação celular. É muito utilizado após cesarianas e outras cirurgias.

Óleo de romã: rico em poderosos antioxidantes, extraídos da semente de romã orgânica, que aceleram a renovação celular e protegem dos radicais livres, regenerando a pele madura e prevenindo o aparecimentos de novos sinais.

Óleo de rosa mosqueta: contém altos níveis de ácidos graxos polinsaturados, linoleico, ácido oleico e linolênico. Essa riqueza em ácidos graxos essenciais confere um poder de regeneração dos tecidos da pele e crescimento celular.

Óleo de silicone: usado para formar barreiras físicas, fornecendo proteção à pele e cabelo.

Óleo de urucum: possui alto teor de ácidos graxos insaturados que promove absorção cutânea rápida e completa.

Oligominerais: remineraliza a pele, fornecendo componentes essenciais ao metabolismo cutâneo, antioxidante.

Oligoproteínas marinhas: constituídas por cobre, manganês, ferro, silício, magnésio, cálcio, zinco e argila verde, têm ação absorvente, antitoxinas e cicatrizante, além de biocatalisarem as funções enzimáticas da pele.

Oligozinco®: renovador celular, cicatrizante e regulador de oleosidade.

Oliva (*Olive glycerides*): hidratante.

***Omega active*:** auxilia nas condições inflamatórias da pele; antienvelhecimento; peles secas e ressecadas.

Osilift: obtido de frações purificadas de polissacarídeos da aveia, possui uma estrutura tridimensional e alto peso molecular, que garantem um elevado efeito tensor.

OTZ 10: anti-idade, pós-sol; fotoprotetor; cremes para uso diário.

Óxido de zinco: adsorvente da oleosidade, adstringente, secativo, antisséptico.

Oxy 229-BT®: peptídeo que ativa regeneração dos tecidos e estimula oxigenação celular.

P

Paba: promove fotoproteção química.

Padinactive nutri: gordura localizada e celulite

Padinactive skin: estimula a comunicação celular, levando os queratinócitos da epiderme a produzirem substâncias mensageiras que ativam os fibroblastos da derme a produzirem seletivamente as glicosaminoglicanas.

Palmitato de isopropila: agente emoliente, umectante e hidratante.

Pantenol: calmante, nutritivo, regenerador capilar (fortalecedor, restaurador).

Papaia: hidratante, suavizante, remineralizante e queratolítico.

Papaína: enzima proteolítica com ação queratolítica, cicatrizante, estimulante, regeneradora, hidratante, nutritiva e oxigenante.

PCA: hidratante ativo do NMF.

PCA-Na (*Sodium PCA*): hidratante ativo do NMF. Aumenta a suavidade, a maciez e elasticidade capilar e cutânea.

Pentaglycan®: ação hidratante, além de manter a tensão e o turgor cutâneo.

Pepino (*Cucumus sativus*): calmante, descongestionante.

Peróxido de benzoíla: antiacne, antimicrobiano.

Peróxido de zinco: despigmentante.

Phytoleite de copaíba: planta de origem amazônica que possui propriedades hidratantes e emolientes.

PhytoCellTec MD: preparação lipossomada baseada em células-tronco de uma rara maçã suíça, conhecida por sua longevidade. É o primeiro ingrediente ativo desenvolvido com essa tecnologia.

Pimenta: estimulante, aumenta a circulação.

Polawax: cera autoemulsionante não iônica, usada em cremes para dar consistência.

Power patches: cosmético inovador na forma de adesivos com carga elétrica (3V), para tratamento antirrugas baseado na iontoforese (difusão de ativos através da epiderme por meio de correntes elétricas suaves). Efeito imediato e de longa duração, após tratamento de 20 minutos.

Pro Bio: ativo inovador e biotecnológico derivado de probióticos (lactobacilos) que, durante sua fermentação, libera fatores de crescimento, melhorando a oxigenação celular. Favorece a migração de fibroblastos e produção de colágeno; ideal para prevenir e atenuar rugas já existentes; aumento de mensageiros celulares; produção de *heat shock proteins* (HSP).

Propilenoglicol: possui propriedades umectantes e hidratantes.

Propilparabeno: conservante.

Própolis: antisséptico, anti-inflamatório, cicatrizante, antimicrobiano.

Proteína termoativada: combina a substantividade e a capacidade formadora de filme das proteínas com espalhamento, brilho e capacidade de lubrificação do silicone.

Pró-TG3®: apresenta alta concentração de ácido eicosapentoico em sua composição; além disso, devido à presença das vitaminas C e E no composto, atua também como um potente agente antioxidante, aumentando sua eficácia antienvelhecimento e reduzindo o processo inflamatório cutâneo.

Provislim: ingrediente ativo que ajuda a reduzir a gordura localizada e celulite 24 horas por dia, sob quaisquer circunstâncias; remodela a silhueta e melhora a elasticidade, ao diminuir a aspereza, edema e espessura da pele.

Pumpkin Enzyme®: não é agressivo, podendo ser aplicado em todos os tipos de pele, inclusive nas sensíveis. Possibilita a diminuição de alfa-hidroxiácidos ou *scrubs* em fórmulas renovadoras, amenizando o potencial irritativo.

PVA: formador de filme (película).

Q

Quartzo: esfoliante.

Queratina: protetora da pele e anexos.

Quitina: hidratante, tonificante.

R

Raffermine®: estimula fibroblastos, tonificante, tensor.

Raro Fucose®: hidratante, além de promover melhora de tônus cutâneo.

Remoduline: tratamento da celulite.

Renew-Zyme: *peeling* enzimático com ativo da romã. Atua na renovação celular por meio de um *peeling* enzimático à base de ácido elágico, composto polifenólico que é o ativo funcional da romã.

Para a renovação celular enzimática são utilizadas enzimas proteolíticas que hidrolizam a queratina, diminuindo a espessura da camada córnea.

Retinol: ver vitamina A.

Revidrate: primeiro hidratante que regula os genes, permitindo que a pele recrie sua própria umidade natural.

Rícino: calmante, hidratante.

Rosa mosqueta (*Rosa aff rubiginosa*): emoliente, regeneradora, cicatrizante.

Rosmaris R-4®: ativa circulação, cicatrizante, anti-inflamatório, bactericida, fungicida e lipolítico.

S

Salix peel: fonte natural de ácido salicílico; beta-hidroxiácido vegetal - potente renovador celular; normaliza poros dilatados; ação anti-inflamatória; eficácia na prevenção da acne.

Sálvia (*Salvia officinalis*): antisséptica, antisseborreica.

Sculptessence: creme com ação remodeladora da face. Composto de *scuptessence* (remodelador natural da pele, derivado da semente de linho), aveia (suavizante), babosa (hidratante), íris florentina (fonte de isoflavona), hera (antirrugas) e *lift* essence (efeito tensor, reduz rugas e tonifica a pele).

Sensicalmine: utilizado para peles sensibilizadas. Combate a irritação e a sensação de desconforto cutâneo. Atua diretamente nas células nervosas.

Sensiline: muito utilizado em produtos pós-sol e produtos infantis.

Sepicontrol A5: indicado para a manutenção de uma pele saudável. Regula a produção sebácea limitando a proliferação de germes caracteristicamente encontrados nas peles oleosas e com maior propensão à acne.

Sepiwhite: depigmentantes.

Sesaflash: potente antirrugas, com ação tensora imediata e ação redensificante e protetora em médio e longo prazos.

Shitake: emoliente, nutritivo, remineralizante e restarurador. Ação antienvelhecimento.

Silício orgânico: antirradicais livres, estimula fibroblastos (contra flacidez tecidual).

Skin whitening complex: ação despigmentante suave.

Slim excess: tratamento da celulite.

Slim intense OE: tratamento da celulite.

Slimbuster H: tratamento da celulite.

Slimbuster L: Tratamento da celulite.

Spirulina: cicatrizante, hidratante, nutritivo e emoliente.

Squalane®: hidratante por oclusão, não comedogênico, que auxilia na entrada de ativos incorporados à formulação.

Stabil®F: antioxidante. Indicado para cosméticos de fotoproteção e antienvelhecimento.

STAY C50: sal sódico do éster monofosfato do ácido ascórbico, mais estável à degradação por oxidação.

Sulfato de zinco: adstringente e antisséptico.

Sulfeto de selênio: antisséptico, antifúngico e antisseborreia.

Sveltessence: tratamento da celulite.

Synovea hr: possui como componente ativo o hexilresorcinol; derivado fenólico; clinicamente comprovado ser quatro vezes mais eficaz que a hidroquinona.

T

Talco: adsorvente de oleosidade.

Tangerina (*Citrus reticulata*): adstringente, seborreguladora.

Tea tree: ver Melaleuca.

Tensine®: forma um filme contínuo sobre a epiderme, provocando efeito tensor. Efeito *lifting* de ação prolongada.

Tepescohuite®: princípio ativo composto por flavonoides. Tem ação regeneradora e anti-inflamatória.

Thalasferas de vitamina C: microesferas veiculadoras da vitamina C, para maior estabilidade do ativo.

Theophyllisilane C: tratamento da celulite.

THYMULEN 4: imita a proteina da juventude humana.

Tília (*Tilia cordata*): calmante.

Tonskin®: estimula a produção de colágeno.

Trietanolamina: emoliente, tensoativa.

U

Unipertan: substância que acelera e prolonga o bronzeado.

Ureia: hidratante, queratolítica (acima de 10%).

Uva (*Vitis vinifera*): hidratante, antioxidante e tonificante.

Uva-ursina (*Arctostaphylos uva ursi*): anti-inflamatória, antisséptica, adstringente e antioxidante, além de melhorar a elasticidade da pele.

V

Valeriana (*Valeriana officinalis*): calmante.

Vaselina: emoliente com poder de cobertura e deslizamento. Formador de filme.

VC-PMG®: antioxidante, clareador, cicatrizante e regenerador cutâneo.

Vegelip: *blend* de lipídios vegetais, composto altamente emoliente e nutritivo, rico em ácido graxos essenciais ômega-6 e ômega-9, desenvolvido para atuar no tratamento de peles doentes, secas e nas afecções dermatológicas em que a pele apresenta distúrbios na quantidade e na qualidade dos ácidos graxos de sua estrutura lipídica, com comprometimento da sua função barreira cutânea e da capacidade regenerativa.

Vitacomplex C: em virtude de sua grande disponibilidade de enxofre, é específico para o tratamento anticaspa, estimula a circulação, diminuindo a queda e favorecendo o crescimento capilar.

Vitamina A: desempenha um importante papel na regulação do crescimento das células epiteliais e na manutenção da sua integridade.

VLMW Hyaluronic Acid® (*sodium Hyaluronate*): hidratante ativo que recompõe a matriz extracelular.

W

Wasabi: uso em cosméticos - traz benefícios à pele e aos cabelos. Quando usado em concentrações de 1% a 5%, oferece proteção antioxidante à pele. Nas formulações, em concentrações de 1% a 5%, confere propriedades fungicidas e reduz os níveis de conservantes.

Whitesphere H: antioxidante, tonificante, revitalizante, reestruturador e clareador.

Whitessense® [*Artocarpus heterophyllus seed extract (and) maltodextrin (and) disodium phosphate (and) sodium phosphate*]: proteína que uniformiza a coloração da pele.

Whitonyl® [*Aqua (and) Palmaria palmata Extract*]: clareador.

Willow bark extract: rica em ácido salicílico, possui propriedades analgésicas, antissépticas, adstringentes e antiinflamatórias. Ação antimicrobiana contra S. *aureus* e P. *acnes*, menos irritante que o ácido salicílico.

X

Xantogosil C: silício orgânico ligado a xantina. Efeito lipolítico e antiedema.

Y

Ylang-ylang (*Cananga odorata*): calmante e estimulante capilar. Também apresenta ação psicológica (afrodisíaco e levemente euforizante).

Z

Zano 10 plus: fotoprotetores de uso pós-*peeling* e *lasers*, fotoprotetores para gestantes, bebês, crianças e pessoas com peles sensíveis.

Zincidone® (*Zinc PCA*): antifúngico, bacteriostático e antisseborreico. Favorece a síntese do colágeno e da queratina.

Vamos recapitular?

Este capítulo apresentou uma série de princípios ativos de aplicações diversas. Entende-se que o leitor não deve decorá-los, mas sim conhecê-los. Com o estudo cotidiano e a aplicação prática desses conceitos, aos poucos esses nomes farão parte da sua rotina.

Agora é com você!

1) Ao organizar sua agenda da semana, um profissional esteticista observa que terá clientes com os seguintes casos:

   » Cliente A: estrias
   » Cliente B: gordura localizada e hidrolipodistrofia ginoide (HLDG)
   » Cliente C: HLDG (magra)
   » Cliente D: envelhecimento cutâneo
   » Cliente E: pele acneica
   » Cliente F: discromias
   » Cliente G: gordura localizada (sem HLDG)
   » Cliente H: pele desidratada

   Pensando em conferir o estoque de cosméticos para certificar-se de que possui todos os materiais necessários, o profissional encontrou vários produtos. Sabendo-se que alguns desses produtos são descritos a seguir, indique o produto mais adequado para cada cliente.

Tabela 15.1 - Descrição dos cosméticos

Produto	Ativos	Forma de apresentação
1	Algas, vitamina A, PCA-Na, Aquaporine e alantoína	Creme
2	Licopeno, Matrixyl, retinol e Syn-ake	Sérum
3	Liporeductil, Adiporeguline, hera e metilxantina	Creme
4	Centella asiatica, algas, silanóis e enzimas proteolíticas	Gel
5	Ácido kójico, Licorice e Dermawhite	Sérum
6	Ácido salicílico, enxofre, microesponjas e Zincidone	Sérum
7	Svelressence, Slimbuster-L, Liporeductil, enzimas, xantogosil, Centella asiatica e Liftline	Gel
8	Óleo de roda mosqueta, vitamina A, Reestructil, silanóis e DSBC	Sérum

Bibliografia

AGÊNCIA NACIONAL DE VIGILÂNCIA SANITÁRIA (ANVISA). **Legislação dos Cosméticos**. Disponível em: <http://www.anvisa.gov.br/cosmeticos/legis/index.htm>. Acesso em: 01 dez. 2013.

BACCI, P. A.; LEIBASCHOFF, G. **La Celulitis**. Gascón: Medical Books, 2000.

BRITTO, M. A. F. O.; NASCIMENTO JUNIOR, C. S.; SANTOS, H. F. Análise estrutural de ciclodextrinas: um estudo comparativo entre métodos teóricos clássicos e quânticos. **Quím. Nova**, São Paulo, v. 27, n. 6, p. 882-888, 2004.

FLOR, J.; DAVOLOS, M. R.; CORREA, M. A. Protetores solares. **Quím. Nova**, São Paulo, v. 30, n. 1, p. 153-158, 2007.

GOMES, R. K. Acne vulgar *versus* acne variante. **Revista Personalité**, 2011. Disponível em: <http://www.revistapersonalite.com.br/site/acne-e-suas-diferenciacoes-63/>. Acesso em: 23 nov. 2013.

GOMES, R. K.; DAMAZIO, M. G. **Cosmetologia**: descomplicando os princípios ativos. 3. ed. São Paulo: Livraria Médica Paulista Editora, 2009.

HEXSEL, D. A.; MAZZUCO, R. Subcision: uma alternativa cirúrgica para a lipodistrofia ginoide ("celulite") e outras alterações do relevo corporal. **An. Bras. Dermatol**, Rio de Janeiro, v. 72, n. 1, p. 27-32, 1997.

KHURY, E.; BORGES, E. Protetores solares. **Moreira Jr**. Disponível em: <http://www.moreirajr.com.br/revistas.asp?fase=r003&id_materia=4846>. Acesso em: 29 nov. 2013.

LIMA, S. L. T. et al. Estudo da atividade proteolítica de enzimas presentes em frutos. **Sbq**. Disponível em: <http://qnesc.sbq.org.br/online/qnesc28/11-EEQ-6906.pdf>. Acesso cm: 09 dez. 2013.

NÚCLEO DE BROGLIE. **Filtro solar**: mecanismos de proteção e composição, 2013. Disponível em: <http://www.nucleodebroglie.com/2013/03/filtro-solar-mecanismos-de-protecao-e.html>. Acesso em: 29 nov. 2013.

PERIOTTO, D. K. **Cosmetologia aplicada**: princípios básicos. 1. ed. Curitiba: Copyright, 2008.

PEYREFITTE, G.; MARTIN, M. C.; CHIVOT, M. **Cosmetologia, biologia geral e biologia da pele**. Andrei, 1998.

RADICAIS LIVRES 97. **Radicais livres:** uma breve introdução. 2013. Disponível em: <http://radicaislivres97.wordpress.com/2013/05/>. Acesso em: 01 dez. 2013.

REBELLO, T. **Guia de produtos cosméticos**. 5. ed. São Paulo: Editora Senac, 2004.

SCHAFFAZICK, S. R. et al. Caracterização e estabilidade físico-química de sistemas poliméricos nanoparticulados para administração de fármacos. **Quím. Nova**, São Paulo, v. 26, n. 5, p. 726-737, 2003.

SCHALKA, S.; REIS, V. M. S. Fator de proteção solar: significado e controvérsias. **An. Bras. Dermatol,** Rio de Janeiro, v. 86, n. 3, p. 507-515, 2011.

SKIN CANCER. **Understanding UVA and UVB.** Disponível em: <http://www.skincancer.org/prevention/uva-and-uvb/understanding-uva-and-uvb>. Acesso em: 27 nov. 2013.

SOLVENTE UNIVERSAL. **Cabelos e formas:** uma química de ligações!, 2010. Disponível em: <http://solventeuniversal.wordpress.com/2010/11/19/cabelos-e-formas-uma-quimica-de-ligacoes/>. Acesso em: 27 nov. 2013.

THIERS, H. **Les cosmetiques**. 2. ed. Paris: Masson, 1980.

THOMÉ, I. Estrutura do cabelo e ressecamento. **Naturalmente crespo**, 2010. Disponível em: <http://naturalmentecrespo.wordpress.com/category/sobre-cabelo/>. Acesso em: 29 nov. 2013.

TOLEDO, A. M. F. Pele e anexos. In: MAIO, M. (Ed.). **Tratado de medicina estética**. 1. ed. São Paulo: Roca, 2004.

VIGLIOGLIA, P. A.; RUBIN, J. **Cosmiatria III**. 1. ed. Buenos Aires: AP Americana de Publicaciones, 1997.

WILKINSON, J. B.; MOORE, R. J. **Cosmetología de Harry**. Madri: Ediciones Díaz de Santos, 1990.